川渝地区页岩气钻井液
检测技术应用与实践

CHUÀNYU DIQU YEYANQI ZUANJINGYE
JIANCE JISHU YINGY

U0251666

主　编 杨　欢　王　锐　毛　惠

副主编 刘　阳　赵晓丽　倪　锐　程荣超　周长林

编委会成员

张瀚奭　陈　龙　陈　骥　张佳寅　周代生　黎　然　张　宇

林　强　王先兵　王东波　赵志宏　杨锐华　杨　浩　顾涵瑜

文　超　刘　雨　汪于博　李　丁　胡金玉　罗　洋　万预立

陈熙平　刘从箐　明　爽　杨少云　王　锐　宋　涛　陈伟华

闫丽丽　杨　哲　熊　枫　王周炀　高　创　徐芳艮　李　阳

王智远　安　琳

四川大学出版社
SICHUAN UNIVERSITY PRESS

项目策划：李思莹　胡晓燕
责任编辑：胡晓燕
责任校对：周维彬
封面设计：墨创文化
责任印制：王　炜

图书在版编目（CIP）数据

川渝地区页岩气钻井液检测技术应用与实践 / 杨欢，
王锐，毛惠主编. — 成都：四川大学出版社，2021.10
　ISBN 978-7-5690-5034-9

　Ⅰ．①川… Ⅱ．①杨… ②王… ③毛… Ⅲ．①油页岩
－油气钻井－钻井液－检测－四川②油页岩－油气钻井－
钻井液－检测－重庆 Ⅳ．① TE254

　中国版本图书馆 CIP 数据核字（2021）第 192891 号

书名　川渝地区页岩气钻井液检测技术应用与实践

主　　编	杨　欢　王　锐　毛　惠
出　　版	四川大学出版社
地　　址	成都市一环路南一段 24 号（610065）
发　　行	四川大学出版社
书　　号	ISBN 978-7-5690-5034-9
印前制作	四川胜翔数码印务设计有限公司
印　　刷	郫县犀浦印刷厂
成品尺寸	170mm×240mm
印　　张	11.75
字　　数	224 千字
版　　次	2021 年 10 月第 1 版
印　　次	2021 年 10 月第 1 次印刷
定　　价	72.00 元

◈ 读者邮购本书，请与本社发行科联系。
　电话：(028)85408408/(028)85401670/
　(028)86408023　邮政编码：610065
◈ 本社图书如有印装质量问题，请寄回出版社调换。
◈ 网址：http://press.scu.edu.cn

四川大学出版社
微信公众号

目　录

第一章　页岩气钻井液研究进展及技术难点

第一节　页岩气油基钻井液研究进展及技术难点

随着全球油气资源需求的日益增长，页岩气藏已经成为天然气工业化勘探开发的重要领域。据估算，我国页岩气可开采资源量约为 31×10^{12} m^3，资源前景广阔、开发潜力巨大，其经济价值、社会价值都非常显著。

在页岩气井的开发过程中，由于页岩地层裂缝层理发育，易发生井漏、垮塌等井下复杂事故，所以，使用油基钻井液在页岩气井水平段钻进成为页岩气勘探开发初期普遍采用的方法。油基钻井液是指以油作为连续相的钻井液。目前主要有两种油基钻井液，即全油基钻井液和油包水乳化钻井液。在全油基钻井液中，水是无用的组分，其含量不应超过 10％；而在油包水乳化钻井液中，水作为必要组分均匀地分散在柴油或白油中，其含量一般为 10％～30％。与水基钻井液相比较，油基钻井液具有优良的润滑性和防泥包功能，可大幅提高水平段的钻进效率，提高钻井速度。同时，油基钻井液消除了钻井液液相活度与地层活度的平衡问题，并避免了地层黏土和泥页岩的水化问题，因此更有利于泥页岩的井壁稳定。在固控设备正常运转时，油基钻井液性能更为稳定，易于维护，且利于井下安全。此外，由于油基钻井液自身的油相特性，消除了水基钻井液可能带来的水敏、盐敏、碱敏对地层的伤害，有利于保护油气层。因此，油基钻井液适应性更为广泛，更适合深井、超深井和复杂井的钻进。

一、国内外油基钻井液研究进展

早在 20 世纪 60 年代，国外就对油基钻井液技术进行了研究，并在得克萨斯的 Hunt Energy Cerf Ranch1－9 井成功应用。该井采用油基钻井液顺利钻至 9046 m。20 世纪 70 年代初开始，随着国内外油气藏勘探开发深度的不断增加，深井、超深井钻井所需抗高温油基钻井液越来越受到人们的重视。

油基钻井液的发展历程主要包括：20 世纪 50—60 年代，以全油基钻井液和以柴油为基油的油包水乳化钻井液为主要应用类型；70 年代，主要发展为油包水乳化钻井液；80 年代，以矿物油为基油的油包水乳化钻井液为主要应用类型；90 年代以来，为了进一步提高油基钻井液的携岩能力和机械钻速并减轻对环境造成的损害，一些新的体系应运而生，使油基钻井液技术取得了新的进展。国外油基钻井液体系相对更成熟，近年来的油基钻井液研究主要围绕白油基、柴油基钻井液等体系展开。

（一）白油基钻井液

白油基钻井液的滤失量低，流变性好，具有较强的抑制、封堵、防塌能力，能避免钻井过程中页岩井壁失稳的问题。

Taugbol 等制备出一种 MBS（微细重晶石）油基钻井液，其配方为：白油＋有机土＋乳化剂＋降滤失剂＋石灰＋氯化钙溶液＋重晶石。在温度为 175℃、压力为 96.5 MPa 的条件下，其滤失量为 3.8 mL，塑性黏度为 36 mPa·s，且循环当量密度较小，可有效满足复杂的井下情况。该钻井液在 Stafjord 油田已经得到应用，并表现出良好的性能。

Fossum 等制备出一种低固相油基钻井液（LSOBM），其配方为：白油＋优质有机土＋清水＋乳化剂＋液态树脂＋有机物降滤失剂＋溴化钙盐水＋石墨＋白云石＋石灰。该油基钻井液使用了密度较大的溴化钙盐水溶液，不使用加重剂，且使用液态树脂有机物替代天然沥青作为降滤失剂，大幅减少了钻井液体系中的固相含量，具有良好的储层保护功能。室内试验表明，LSOBM 与常规油基钻井液相比，封堵性更强，渗透率恢复值更高。

Franco 等制备出一种全油基钻井液，其配方为：矿物油＋有机土＋润湿剂＋聚酰胺乳化剂＋降滤失剂＋石灰＋氯化钙盐水＋重晶石。该钻井液经 190℃热滚 16 h 后，失水量为 9.2 mL。

华桂友等制备出一种热稳定性好的可逆转乳化的钻井液，其油水基液体积比为 60∶40（5 号白油∶质量分数为 25％的氯化钙溶液），其他添加剂分别为：可逆转乳化剂＋辅乳化剂＋石灰＋降滤失剂＋流型调节剂＋有机土＋重晶石。该钻井液体系经 120℃高温滚动老化 16 h 后，失水量为 4.4 mL，API 失水量为 0.6 mL。但配制该钻井液使用的乳化剂价格昂贵，应用受到限制。

蓝强等制备出一种无黏土全油基（CFLD）钻井液，其配方为：5 号白油（基液）＋增黏剂＋表面活性剂＋增稠剂＋降滤失剂＋亲油性碳酸钙＋氧化钙＋降滤失剂。该钻井液体系经 120℃高温滚动老化 16 h 后，岩屑滚动回收率为 99.5％，而常规油基钻井液的岩屑滚动回收率为 87.6％，可见 CFLD 钻井液对页岩的抑制性好，能够稳定井壁。

舒福昌等制备了一种新型无水全油基钻井液，其配方为：5 号白油（基液）＋有机土＋有效土增效液＋乳化润湿剂＋降滤失剂＋增黏提切剂＋加重剂＋氧化钙。该钻井液对劣质红土的平均热滚回收率为 94.6％，明显高于 KCl 水基钻井液的 73.2％。该钻井液的钻屑水分散能力强，有利于稳定井壁。

总的来说，白油基钻井液对胶结不良的地层有改善井眼稳定的作用，形成的滤饼质量好，拥有较强的抑制能力，能有效保持井壁的稳定，防止井漏、井喷、井径扩大等复杂事故的发生。现场应用结果表明，白油基钻井液在低剪切速率下具有较高黏度和良好的静态、动态悬砂能力，能够很好地满足页岩气井的现场钻井要求。

（二）柴油基钻井液

柴油基钻井液能够抗高温高压，且稳定性良好，配置成本较白油基钻井液更低。

Mas 等制备出一种全油基钻井液 INTOL™，其配方为：柴油/矿物油＋聚合物添加剂＋乳化剂＋有机膨润土（锂皂石）＋润湿剂＋石灰＋重晶石＋碳酸钙。试验表明，有机土、润湿剂、聚合物材料的协同作用能使该钻井液具有与水基钻井液相似的流变性，且动塑比高，在 204℃下仍性能稳定。该钻井液已经在 Coporo−12 井得到应用。

Oyler 等制备了一种柴油可逆乳化钻井液，其配方为：基液（柴油与水的比例为 3∶1）＋有机土＋乳化剂＋控制剂＋石灰悬浮剂＋重晶石＋氯化钙溶液。该钻井液经 150℃滚动老化 16 h 后，滤失量为 0 mL；经 75℃滚动老化 16 h 后，塑性黏度为 25 mPa·s，电稳定性为 620 V。

Arvind 等制备了一种新型油基钻井液，其配方为：IO16−18 油基＋有机土+氯化钙+石灰+水+Suremul+Sirewet+滤失剂+重晶石。该钻井液在150℃下热滚后，失水量为 2.4 mL，塑性黏度为 28 mPa·s。此外，该钻井液中的添加剂还可润滑井壁，减少钻头的磨损，有效节约钻井的成本。

孙明波等制备出新型生物柴油基钻井液，其配方为：生物柴油+有机土+乳化剂+有机褐煤+乳化剂+油溶树脂。该钻井液具有良好的抗高温（180℃）和抗水侵（10％淡水或 10％饱和盐水）、劣土侵（10％钠膨润土）、钙侵（3％钙离子）的能力。该钻井液在渤页平 1－2 井得到应用，结果表明，钻井液性能稳定，流变性、携岩效果好。但生物柴油中的不饱和脂肪酸在高温下容易变质，酯化产物难于回收。

何涛等制备出一种全油基钻井液，在威远地区页岩气水平井得到应用，其配方为：柴油+有机土+主乳化剂+塑性封堵剂+降滤失剂+润湿剂+碳酸钙（粒径为 0.043 mm）+氧化钙+重晶石。该钻井液密度为1.30 g/cm³，在 90℃、3.5 MPa 条件下的滤失量为 0 mL，将压力升高至 4.5 MPa 仍然无滤液流出，抗温抗压性较强。

柴油基钻井液能够抗高温（200℃～250℃），且在高压下也具有较强的稳定性，能有效避免钻井过程中污染物对钻井液的污染，使钻井液的性能保持稳定。但柴油基钻井液配制成本高，钻速较低，闪点低（55℃）、易着火，且柴油的毒性比较强。解决柴油基钻井液的毒性问题是今后研究攻关的重要方向。

（三）低毒油基钻井液

虽然采用油基钻井液能够成功钻井，但会对地层、储层造成伤害，甚至难以准确评价地层性质。近年来，国内外专家对低毒油基钻井液进行了攻关，研制出可以保护储层的低毒油基钻井液，并取得广泛应用。

Jeffrey 等制备出一种石蜡基油钻井液，其配方为：石蜡基油ESCAID110+氯化钙水溶液+增黏剂+乳化剂+降滤失剂+石灰+碳酸钙。该钻井液在加入提切剂后，悬浮性改变尤其明显，低速剪切黏度（LSYP）增量为 150％～350％，动切力增量为 375％～650％，但塑性黏度仅增加50％～75％。

侯业贵制备出一种低芳烃油基钻井液，其配方为：精制白油（芳烃含量小于 2％）+主乳化剂+氯化钙溶液+辅乳化剂+有机土+润湿剂+氧化钙+降滤失剂+复合封堵剂+提切剂。该钻井液在渤页平 2 井得到成功应用，日耗损量低，井眼规则、扩大率仅为 2.3％，且该配方可以减少 20％的原油污染。

安文忠等制备出低毒钻井液，其配方为：矿物油（无荧光、低芳香烃）＋氯化钠溶液＋润湿剂＋乳化剂＋主乳化剂＋降滤失剂＋加重剂＋碱度控制剂＋主增黏剂。芳香烃是油基钻井液中对储层的主要污染物，这种低毒钻井液有效避免了该物质，可对储层起到保护作用。

近年来，国外专家以植物油作为油基钻井液的基油，制备出一种低毒油基钻井液。由于植物油完全不含芳香族物质，且具有可降解性，几乎不会对环境及储层造成污染。此外，由于植物油具有闪点高、燃点高等特点，该钻井液高温稳定性好，可用于敏感地层。使用低毒油基钻井液有利于减少井下事故的发生，保护储层不受伤害，对人体健康影响较小，也解决了油基钻井液带来的环境污染等问题，提高了油田的采收率。

国内全油基钻井液尚处于研究、试验、完善阶段，20 世纪 80 年代以来，我国先后在华北、新疆、中原、大庆等油田使用过油基钻井液，但由于环境和成本问题，油基钻井液在我国应用十分有限。近年来，随着复杂井的数量增加，对油基钻井液体系的需求越来越多，且要求更高，油基钻井液再次被重视起来。目前，在胜利油田、新疆地区油田、中海油海上油田、四川地区油田使用较多。油基钻井液是避免和有效解决深井、超深井、大斜度定向井和水平井钻进过程中发生复杂事故的重要技术措施，同时也是保护油气层的重要手段。

二、页岩气油基钻井液技术难点

目前，在川南页岩气各区块全部采用油基钻井液体系，已取得一定应用效果，但仍存在一些问题。由于页岩气产区大规模使用油基钻井液，且油基钻井液初次配制成本高、环保压力大等，钻井液服务公司需对钻井液进行重复利用，以降低综合成本。但多次重复利用后，浆体内无效固相、失效处理剂无法完全清除，这类无用颗粒分散在钻井液中，会导致再次使用和维护困难，进一步表现出复配后的钻井液流变性变差、滤失量过大、润滑性降低等一系列问题，给钻井工程带来不利影响。此外，部分区块如自 201 井区，由于地层特性，油基钻井液使用过程中突显出适应性不足、水平段井壁失稳严重、难以保证正常钻进、后期处理极其困难等问题，对工程作业造成严重影响。

（一）流变性控制

在油基钻井液重复利用过程中，由于钻井液中有害低密度固相含量不断增加，引起黏度和切力反复升高。温度对油基钻井液的黏度影响较大，通常情况下，油基钻井液在低温条件下有较高的黏度和切力，但随着温度的升高，黏度和切力会大幅度降低。目前，国内可以用来调控油基钻井液黏度和切力的处理剂比较少，这导致其流变性能调控难度很大。

（二）低密度固相控制

在页岩气作业现场，为了降低钻井成本和废弃钻井液对环境的污染风险，油基钻井液服务主要采用工厂化配制＋现场少量维护的模式，在完井后，原则上剩余老浆应收尽收，老浆经处理性能达标后全部重复使用。经多次重复使用或者加入大量堵漏材料，会引起油基钻井液体系中低密度固相含量偏高。低密度固相含量对机械钻速和井壁的稳定性有很大影响，现场通常通过增加固控设备的使用率来降低低密度固相含量，但每次维护处理完一段时间，低密度固相含量又会升高。如何在油基钻井液重复利用过程中有效控制低密度固相含量，还需相关研究人员进一步攻关。

（三）含油钻屑或废弃油基钻井液的处理

2020 年底公开的《国家危险废物名录（2021 年版）》，将废矿物油与含矿物油废物列入其中。含油钻屑的管理和处置要严格按照危险废弃物的相关规定执行。随着新《中华人民共和国环境保护法》（以下简称《环境保护法》）的实施，油基钻井液存在的环保性能不足的问题更加突出。目前，国内含油钻屑或废弃油基钻井液的处理技术发展较慢，难以完全达到我国环保法律法规的要求。近年来，该领域学者加大了对环保型钻井液的研究。但目前环保钻井液在应用过程中还存在以下几个问题：①成本偏高，在市场上的应用及推广受到限制；②体系中所用处理剂在环保性能和钻井液高温稳定性方面难以平衡；③没有从根本上解决钻井液体系整体环保性能不足的问题，仅有单项处理剂环保性能达标。

（四）防漏堵漏技术

川渝页岩气区块层理、裂缝发育。漏层主要集中在栖霞组的灰岩层以及龙马溪组页岩—五峰组灰岩层，主要以裂缝性漏失为主，漏失往往发生突然、速度快，并且地层存在多套漏层。堵漏作业存在成功率低、钻井液侵入地层量大、易导致井壁失稳、易复漏等技术难点。虽然油基钻井液防漏堵漏技术研究已取得一定进展，但还无法满足当前页岩气开发的施工需求，亟须开展相关技术攻关。

第二节　页岩气水基钻井液研究进展及技术难点

为应对页岩气水平井井壁稳定性问题，目前国内外采用的相对有效的措施是油基钻井液体系。油基钻井液在润滑、防卡和降阻方面有着水基钻井液不具备的优势，可以避免滑动钻井时的托压问题，这也是其得以广泛应用的根本原因。

但由于油基钻井液体系成本较高、环境不友好，国际各大石油服务公司研究了可替换油基钻井液的页岩气水平井水基钻井液。如 M－I 公司的 Meghan 等将研制的一种纳米颗粒材料加入水基钻井液中，利用纳米颗粒材料封堵页岩的纳微米孔隙，形成一种可用于页岩的纳米水基钻井液。并利用压力传递实验研究了纳米水基钻井液对页岩渗透率的影响，评价了纳米 SiO_2 封堵页岩的实验。结果表明，加了纳米材料的盐水钻井液与未加纳米材料的盐水钻井液相比，压力传递受到明显的抑制，具有良好的流变性及稳定井壁的作用。美国哈里伯顿公司（Halliburton）的 Jarrett 等研究了费耶特维尔页岩的理化特性和适用于费耶特维尔页岩的硅酸钾水基钻井液体系，并应用于 70 余口井，应用效果良好。

国外包括斯伦贝谢（Schlumberger）、哈里伯顿（Halliburton）、纽帕克（Newpark）、雪佛龙（Chevron）和贝克休斯（Baker Hughes）在内的油服公司均开展了页岩气水基钻井液的研究和现场应用工作，在不同的页岩开发区，各油服公司取得了一定的应用效果，应用情况详见表 1－1。

表 1－1　国外页岩气水基钻井液应用情况

序号	油服公司	页岩气水基钻井液体系基本配方、使用效果
1	斯伦贝谢（Schlumberger）	基本配方：有机季铵盐＋铝络合物＋提速剂＋可变形聚合物＋纳米溶液＋流型调节剂＋降滤失剂＋石灰＋特定润滑剂＋黄原胶＋纤维素＋淀粉＋液体抑制剂＋杀菌剂＋氯化钠＋碳酸钾＋苏打粉
		使用效果：应用于 7 口井，平均机械钻速提高近 80%，页岩地层未坍塌，有效阻止压力传递，具有较强的抑制性和较好的流变性、降滤失性

序号	油服公司	页岩气水基钻井液体系基本配方、使用效果
2	哈里伯顿（Halliburton）	基本配方：硅酸盐＋改性褐煤＋纤维素＋黄原胶＋架桥颗粒＋液体抑制剂＋表面活性剂＋抗絮凝剂＋降黏剂＋页岩稳定剂＋降滤失剂
		使用效果：应用于 Z202 井，在 1067～3048 m 长水平段钻进过程中，没有遇到井壁失稳的情况，机械钻速为 30～70 m/h，在 3261～5425 m 井段应用，井底最高温度达 176℃，起下钻无阻卡，平均井径扩大率为 8.5%。但在造斜段出现起下钻困难，需长井段划眼，通井返出掉块量大的情况
3	纽帕克（Newpark）	基本配方：黄原胶＋交联羟丙基淀粉＋氧化镁＋碳酸钙＋抑制剂＋活性甘油＋增黏剂＋页岩抑制剂＋沥青＋页岩稳定剂
		使用效果：应用于 W204H5 井，具有良好的润滑性、抑制性，较好的抗污染能力，不含盐类物质。但在钻进过程中频繁出现憋钻、掉块返出多等复杂情况，最终未能完钻
4	雪佛龙（Chevron）	基本配方：清水＋改性淀粉＋黄原胶＋微胶囊＋NaCl＋页岩抑制剂＋提速剂＋成膜剂＋封堵剂＋活度剂
		使用效果：测试了在模拟井下应力和过平衡条件下，2.2 g/cm³ 的水基钻井液在页岩中的压力传递情况，表明该水基钻井液能够有效减缓压力的传递
5	贝克休斯（Baker Hughes）	基本配方：MAX－SHIELD™＋MAX－PLEX™＋MAX－PLEX™＋MAX－GUARD™＋NEW－DRILL™＋PENE－TREX™
		使用效果：应用于 5 口井，通过多种处理剂共同作用封堵页岩孔隙和微裂缝，抑制黏土水化膨胀，有效稳定了井壁，钻速可达 14.6 m/h

从表 1-1 可以看出，虽然国外各油服公司研发的页岩气水基钻井液体系在不同地区和区块取得了一定的应用效果，但是，从纽帕克和哈里伯顿公司研发的页岩气水基钻井液分别在四川地区 W204H5 井和 Z202 井的应用情况来看，效果都不是很理想。W204H5 钻进过程中频繁出现憋钻、掉块返出多等复杂情况，最终未能完钻。Z202 井情况也相当复杂，在造斜段就出现起下钻困难，需长井段划眼，通井返出掉块量大的情况，最终于 3960 m 时停止使用水基钻井液，未能完钻；由于井下情况复杂，填钻更换油基钻井液。这些复杂情况的发生，在一定程度上表明国外水基钻井液体系在四川地区页岩气水平井的应用中出现了明显的不适应。

一、页岩气水基钻井液研究进展

国外页岩气水基钻井液发展至今，仍然存在以下几方面的问题：

（1）仍未解决多裂缝硬脆性页岩压力传递导致的坍塌问题；

（2）没有解决既有利于水力压裂又有利于井壁稳定的页岩微裂缝的封闭与开启这对矛盾的处理问题；

（3）页岩微观水化与微观封堵防塌机理研究不系统、不深入；

（4）对达到油基钻井液防塌水平且成本较低的水基钻井液研究不够。

从 2015 年起，国家进一步加强了对自然环境的保护，出台了新的《环境保护法》，使得环境友好性较差的油基钻井液在页岩气水平井开发中受到严格限制，因此，页岩气水基钻井液的研发及应用受到国内各油田公司的重视。国内常规水平井水基钻井液体系较成熟，但页岩地层具有微裂缝发育和层理性、易水化的特点，常规水平井水基钻井液技术不能满足页岩气长水平段水平井钻井的技术需求。

2013 年，何振奎公布了一种用于泌页 2HF 井的强抑制强封堵水基钻井液。他采用多种聚合物复配，并引入抑制性强的聚胺抑制剂提高了钻井液的抑制性，采用膏状沥青、粉状沥青和快速分散高纯度沥青复配，增加了体系的封堵能力，并成功应用于泌页 2HF 井定向段钻井。但该井段并不是长水平段水平井。

张衍喜等研究了一种适应于页岩尤其是大段泥页岩的水基钻井液体系。该体系以聚合物、有机胺等具有强抑制性的处理剂为主，以纳米乳液、聚合醇、铝胺聚合物、沥青类产品作为强封堵性处理剂为辅，加入高效润滑剂，形成铝胺聚合物润滑防塌体系。但该体系只是针对定向段钻井的探索，并未针对长水平段水平井钻井进行探索。

张军等针对川西须五段页岩微裂缝发育、造斜及水平段长、易水化膨胀坍塌的特点，在仿油基钻井液的基础上，引入国外的抑制剂、封堵剂、降滤失剂等多种高效处理剂，形成了高性能水基钻井液体系，在新页 HF−1 井进行现场应用，表现出良好的封堵性、润滑性和流变性。该配方的关键处理剂均采用国外产品，且新页 HF−1 井水平段不到 500 m。2014 年，胜利钻井院技术人员研制的多硅基强封堵水基钻井液技术在页岩油气藏水平井东平1 井三开段得到成功应用，完钻井深为 3427 m，连续钻遇炭质泥页岩625 m。该体系具有流变性稳定、井壁封固能力强、润滑性好、强抑制、环境友好等特点，但钻进的页岩水平段不足千米。

中国石油天然气集团有限公司（以下简称中石油集团）针对页岩垮塌和摩阻大等问题，开发出 CQH－M1 和 DRHPW－1 两套页岩气水基钻井液体系，并在四川长宁—威远区块和昭通区块成功应用于数口页岩气水平井，水平段长度均在 1500 m 以上。这是国内页岩气长井段水平井首次使用页岩气水基钻井液技术作业成功的案例，实现了国内相关领域的突破。CQH－M1 页岩气水基钻井液体系具有无土相、高效封堵、复合抑制等特点。该体系在威远区块的应用井深达 5250 m、井温最高达 130℃、穿越页岩进尺最长达 2238 m；在长宁区块，创造了水平段穿越页岩进尺、钻井液浸泡时间等多项纪录。

国内包括川庆钻探、中石油集团钻井工程技术研究院、中原钻井等油服公司和研究机构，开展了一系列体系研发和现场应用，具体情况详见表 1-2。

表 1-2　国内页岩气水基钻井液应用情况

序号	油服公司	页岩气水基钻井液体系基本配方、使用效果
1	中石油集团钻井工程技术研究院	基本配方：FTYZ 系列（抑制剂）＋NBG 系列（润滑剂）＋WD 系列（降黏剂）＋TRH 系列（降滤失剂）＋JS 系列（防塌剂）＋TXS（FD）系列（泥岩稳定剂）
		使用效果：应用于黄金坝 YS108H4－2、H8－1 井，润滑性好，井壁稳定，在页岩气长水平段水平井成功应用
2	川庆钻井液公司	基本配方：SOLTEX＋SFJ＋SMP＋AB－201＋PAC＋K－PAM＋HB－1＋HTX＋JNJS＋RSTF＋CaO＋HCOOK
		使用效果：应用于 CNH5－1/6、CNH13－1/2/3/4 等多口井
3	川庆钻采院	基本配方：土浆 300 mL＋PAC－LV＋SMP－2＋NaOH＋防塌封堵剂＋聚合醇＋CQ－SIA＋复合盐＋纳米封堵剂＋多级粒子＋表面活性剂＋CQ－LSA＋重晶石
		使用效果：在 CNH25－1/8/9/10 完钻
4	中原钻井	基本配方：CSUTIC SODA＋MIL－GEL＋GOFBS（功能复合剂）＋UNICAL CF（稀释剂）＋LIGCO（降黏剂）＋MIL－PAC LV（降失水剂）＋SULFATROL（封堵剂）＋GOFCLC（防塌剂）＋GOFCC（抑制剂）＋NT－LS（成膜封堵剂）＋GOFRLUBE（润滑剂）
		使用效果：在 CNH9－3/4/5 完钻

从表 1-2 可以看出，国内几家油服公司和研究机构针对目标区块地质特征，研发出不同体系的水基钻井液，总体上表现出一定的适应性。

二、页岩气水基钻井液技术难点

针对页岩气的成藏特征，页岩气开发以大位移井、丛式水平井布井为主。由于页岩地层裂缝发育、水敏性强，在长水平段钻井中，不仅容易发生垮塌、井漏、缩径等问题，而且由于水平段较长，还会带来摩阻大、携岩差及地层污染严重等问题，从而增大井下复杂情况的发生概率。因此，在页岩气水平井钻井中解决井壁稳定、降阻减摩和岩屑床清除等问题就成为水基钻井液技术的关键。

（一）页岩气水平井井壁失稳

在页岩气井中 70% 以上的井眼问题是由于页岩不稳定造成的。钻井液穿过地层裂隙、裂缝和弱层面后，与页岩相互作用改变了页岩的孔隙压力和强度，最终影响到页岩的稳定性。归纳起来，影响井壁稳定的主要因素有以下几个。

首先是孔隙压力改变造成井壁失稳。页岩与孔隙液体的相互作用，改变了黏土层之间水化应力或膨胀应力的大小。滤液进入层理间隙，页岩内黏土矿物遇水膨胀，膨胀压力使张力增大，导致页岩地层局部拉伸破裂；反之，如果减小水化应力，则使张力降低，产生泥页岩收缩和局部稳定作用。

对于低渗透性页岩地层，由于滤液的缓慢侵入，逐渐平衡钻井液压力和近井壁的孔隙压力（一般为几天时间），因此失去了有效钻井液柱压力的支撑作用。由于水化应力的排斥作用，孔隙压力升高，页岩会受到剪切或张力方式的压力，减少使页岩颗粒联结在一起的近井壁有效应力，诱发井壁失稳。

对于层理和微裂缝较发育、地层胶结差的水敏性页岩地层，滤液进入后会破坏泥页岩的胶结性，钻井液滤液易进入微裂缝，破坏原有的力学平衡，导致岩石的碎裂。近井壁含水量和胶结完整性的变化改变了地层的强度，并使井眼周围的应力分布发生改变，引起应力集中，由于井眼未能建立新的平衡而导致井壁失稳。

如果是孔隙压力导致的井壁不稳定，在相互作用下，会影响膨胀力以及水化应力。出现一些滤液后，在含水量变化下页岩黏土就会膨胀，增加张力，从而影响拉伸。如果没有发生膨胀现象，张力就会减小，影响局部的稳定性和收缩问题。如果页岩具有一定的渗透性，就会浸入滤液，保证孔隙压力与钻井液压力的平衡性，从而得到一定的支撑效果。由于水化应力在表现形式上具有一定的排斥性，能够增加孔隙之间的压力，实现具有张力形式的压力，在一定发展程度上不仅降低了黏结颗粒的作用，也可能出现增加井壁不稳定性的情况。

因此，从钻井液角度，国内外一般选择聚胺、铝酸盐络合物或其他特殊的页岩抑制剂，与页岩微纳米孔缝匹配的微纳米封堵剂结合，从而提高钻井液的抑制性、封堵性，降低渗透性，阻止滤液进入页岩地层，防止页岩吸水、强度降低。同时，现场施工过程中通过对振动筛钻屑和滤失量的实时监测，随时调节抑制剂和封堵剂的加量。

（二）页岩气水平井润滑防卡

页岩气水平井随着井斜角和水平位移的增加会大幅增加摩阻和扭矩，严重影响井眼轨迹控制等正常钻井作业。当钻井液液柱压力与地层压力之差较大，产生使钻柱向井壁的推靠力，易形成压差卡钻；井壁坍塌掉块容易产生砂桥卡钻。井眼周围由于应力不平衡会导致井眼变形，使起下钻和钻进摩阻增大。目前，一般通过优选页岩气水基钻井液润滑剂，特别是适用于高密度水基钻井液的润滑剂，同时复配防泥包添加剂，以降低摩阻、提高机械钻速。

（三）页岩气水平井携岩洗井

在大位移水平井施工中，钻屑在井眼中的运行轨迹与直井不一样。由于井眼倾斜，岩屑在上返过程中将沉向井壁的下侧，堆积起来形成"岩屑床"，特别是在井斜角为 $45°\sim60°$ 的井段，已形成的岩屑床会沿井壁下侧向下滑动，形成堆积，从而堵塞井眼，影响钻井施工。所以，一方面可通过加入钻井液流型调节剂或适当增加膨润土含量提高钻井液的动塑比及低转速下的有效黏度，来改善环空钻井液携岩效果，增强钻井液悬浮和携岩能力。另一方面，通过优化筛选其他处理剂以及加重剂，来提高整个水基钻井液体系的沉降稳定性和抗污染能力，使钻井液体系具有长效稳定的流变性，确保其良好的井眼清洁能力。

在水平井段中，井眼清洁主要受钻井液的环空返速、钻具扰动和钻井液的流变性三个方面的影响，除不可改变的因素外，现场主要采取调整钻井液的环空返速和流变性来保证携岩效率。因此可通过以下四种途径来提高钻井液的井眼清洁能力：

（1）改善钻井液的流变性能，提高钻井液的悬浮能力，通过增大钻井液动塑比或降低流性指数 n 值来改善钻井液携岩能力。

（2）钻井液流态。研究表明，在井斜角为 $0°\sim45°$ 时，层流比紊流携岩效果好；在井斜角为 $55°\sim90°$ 时，紊流比层流携岩效果好；在井斜角为 $45°\sim55°$ 时，二者区别不大。

（3）提高环空返速。无论是层流还是紊流，提高环空返速均会改善钻井液的井眼清洁效果。由于压耗及钻井设备能力有限，一定程度上影响了环空返速。

（4）配合工程措施机械清除岩屑床，通过高机械钻速定期或适时进行短起下配合分段大排量循环和划眼等措施破坏岩屑床，达到井眼清洁的目的。

总之，针对页岩易破碎、易膨胀的特点，开展页岩气钻井井壁稳定性及适合页岩地层特点的钻井液优化等方面的研究，对于避免钻井过程中井壁的缩径或坍塌、井漏、降低钻具有效摩阻、避免卡钻埋钻具等井下复杂情况的发生具有重大的现实意义。鉴于此，要求页岩气水平井钻井液必须具有润滑性好及携砂能力、封堵能力、抑制性强等特点。

第二章 川渝页岩气区块地质岩性特征 分析及钻井液存在的问题

对于页岩气水平井来说，影响井壁稳定性的主要因素可分为地质力学因素、地层因素和工程因素 3 个方面。地质力学因素主要有岩石的强度和地层原地应力。地层因素主要有地层构造、地层产状、岩性特性和矿物组成等。而工程因素包含钻井液设计施工和井眼轨迹设计等。钻井液的设计与性能优化以地质力学因素和地层因素为基础，地质力学因素又决定了井眼轨迹的设计。因页岩具有水敏特性，所以对钻井液的抑制性、失水造壁性等有很高的要求。钻井液能否对岩石强度有很好的保持能力，在一定程度上决定了钻井液是否能够保持井壁稳定。本章将主要介绍川渝页岩气地质构造、地层岩性及特征、页岩矿物组分、页岩黏土矿物组分、页岩微观结构及川渝页岩气井钻井液存在的问题等。

第一节 地质构造及岩性特征

一、CN 区块地质构造及岩性特征

CN 区块是国家级页岩气示范区，位于四川盆地与云贵高原接合部，川南古坳中隆低陡构造区与娄山褶皱带之间，北受川东褶皱冲断带西延影响，南受娄山褶皱带演化控制。其构造特征是集二者于一体的构造复合体，总面积约为 1000 km²，北邻莲花寺老翁场构造，南接柏杨林—大寨背斜构造，西为贾村溪构造，东与高木顶构造相望。

　　CN 区块的地表构造行迹，从总体上来看有断层和褶皱，局部裂缝发育。构造的延伸方向为北西南东向，叙永向斜为消失处。对构造而言，其东北翼呈现出较陡趋势，构造向着北东走向发育，形成东观村鼻状构造。地表的断层是营盘山断层，其走向为北北西向，对构造轴部进行斜切。

　　CN 区块断裂较为发育，特别是在背斜的东南端，以逆断层为主。断裂走向大多为北东向、北西向—北北西向，局部为近南北向。主要断层有巡司场逆断层、四烈断层、云台寺逆断层、大罗汉境逆断层、牛寨断层、瓦窑嘴断裂和杉木滩逆断层等。该区块主要褶皱构造是长宁背斜。轴向为北北西向，东部到达金鹅地区，西端以高县以南为界（西端背斜轴面弯曲，向西倾没）。背斜总体呈东宽西窄，轴部出露下奥陶统，外围依次是志留系、二叠系、三叠系以及侏罗系。

　　背斜核部出露寒武系、志留系，两翼为二叠系—三叠系。出露最老地层为下寒武统龙王庙组，顶部多出露二叠系。龙马溪组地层较为完整，厚度一般在 180～390 m 之间，与上覆石牛栏组及下伏五峰组呈整合接触，上部为灰色、深灰色页岩，下部为灰黑色、深灰色页岩互层，底部见深灰褐色生物灰岩。

　　川南页岩气藏上部出露地层变化较大。CN 区块龙马溪组页岩气藏地表为喀斯特地貌，上部须家河组、嘉陵江组等为裂缝、溶洞发育，地层压力系数在 1.0 左右；中下部茅口等地层含硅质灰岩或燧石，韩家店组、石牛栏组含粉砂岩，地层压力系数介于 1.20～1.40 之间；龙马溪组产层主要岩性为页岩，地层温度为 75℃～90℃，孔隙压力系数介于 1.35～2.03 之间，裂缝、断层等较发育。

二、W 区块地质构造及岩性特征

　　W 区块位于川中古隆平缓构造区威远至龙女寺构造群，为乐山—龙女寺古隆起上形成的一巨型近穹隆状的背斜构造，呈北东向展布，向南隔新店场向斜与自流井构造相邻，向西南与老龙坝构造北端相接，向西北为向下倾的单斜与龙泉山构造南东翼接触。该背斜构造南北宽 24 km，东西横跨 68 km，总面积约为 900 km²。该区块北部是龙泉山构造，南部是麻柳场构造，西部为川西中新坳陷低陡构造区，东部为新店场向斜及自流井构造。东西地腹构造格局与地表大体一致，但局部构造细节有一定变化，褶皱相对增强，小断层相对发育。

　　威远地面构造中，顶部有断层发育，但规模都比较小。背斜内部构造中断层发育，且产生圈闭、高点、鼻凸。其中有四组断层对构造影响较大。位于威远构造东南翼近轴部的1号断层，是倾轴走向逆断层，断面倾向为北西，向上消失于奥陶系内，向下消失于震旦系内。位于威远构造西南倾没端的2号断层，是倾轴走向逆断层，断面倾向为南东，向上断开须底，向下断开震顶，消失于震旦系内部。位于威远构造西南倾没端的3号断层，是倾轴走向逆断层，断面倾向为北西，发育于二叠系内部。发育在威远1号高点南翼近轴部的4号断层，是正断层，断面倾向为南，断开层位为寒武系顶界。

在威远构造中，核部出露的最老地层为三叠系下统嘉四地层，顶部区多为须家河组，沟谷多为雷口坡组地层，外围分布侏罗系上部地层。志留系龙马溪组为一套浅海相碎屑岩，主要为灰黑色粉砂质页岩、炭质页岩、硅质页岩夹泥质粉砂岩，由于受乐山—龙女寺古隆起的影响，厚度分布不均，一般分布于0~200 m，往威远东南方向变厚。该组由上至下，颜色加深，上部为灰、绿色泥页岩，下部为灰色、灰黑色、黑色页岩，砂质减少，有机质含量增高。

威远龙马溪组页岩气藏，龙马溪组以上地层，地层压力系数介于1.00~1.50之间，中下部井段二叠系等地层抗压强度高，含硅质灰岩或燧石，可钻性差；龙马溪组产层岩性主要为页岩，地层温度为99℃~140℃，孔隙压力系数介于1.40~1.96之间，断层、裂缝较发育。

第二节　区块页岩矿物组分分析

页岩矿物组分分析采用X射线衍射方法，该方法是目前国际上应用最广泛的一种分析方法。笔者依照行业标准《沉积岩中黏土矿物和常见非黏土矿物X射线衍射分析方法》（SY/T 5163—2018），对取自CN—W区块龙马溪组页岩井下试样进行了XRD矿物组分分析测试。

一、页岩矿物组分全岩分析

对CN—W区块龙马溪组页岩岩样做的全岩分析结果见表2—1。

表2—1　CN—W区块龙马溪组页岩岩样全岩分析

编号	矿物含量（%）							
	黏土	黄铁矿	石英	正长石	斜长石	方解石	白云石	菱铁矿
CN—1	25.14	0	21.24	1.44	6.19	37.93	8.07	0

编号	矿物含量（%）							
	黏土	黄铁矿	石英	正长石	斜长石	方解石	白云石	菱铁矿
CN—2	25.71	0	24.67	1.34	5.33	35.94	7.01	0
CN—3	37.82	0	21.60	0	4.73	29.53	6.32	0
CN—4	39.48	0	19.47	1.56	4.62	25.05	9.81	0
W—1	34.32	3.85	40.84	3.87	14.24	1.49	1.39	0
W—2	33.53	4.09	36.73	5.17	15.76	1.42	3.31	0
W—3	29.53	4.23	43.67	4.59	12.20	2.07	3.70	0
W—4	37.43	4.87	33.90	5.07	13.66	2.06	3.02	0

由表 2—1 可知：

（1）各区块岩样的黏土含量差别不大，CN 区块岩样黏土的平均含量为 32.04%，W 区块岩样黏土的平均含量为 33.70%。

（2）岩样中的脆性矿物，CN 区块石英和方解石的含量较高，W 区块石英和长石（正长石和斜长石）的含量较高。

（3）各区块岩样中石英、长石（正长石和斜长石）、方解石、白云石等矿物的含量存在较大差异。

二、页岩黏土矿物组分分析

对 CN—W 区块龙马溪组 4 口井岩样进行的黏土矿物组分分析，结果见表 2—2。

表 2—2 4 口井岩样黏土矿物组分分析

编号	矿物相对含量（%）					间层比 （%·S）
	伊利石（I）	蒙脱石（S）	伊/蒙（I/S）	高岭石（K）	绿泥石（C）	
CN—1	57.1	0	17.2	10	25.6	10
CN—2	69.1	0	5.0	0	25.9	10
W—2	51.5	0	37.1	0	11.5	15
W—4	68.6	0	19.1	0	12.4	15

由表 2—2 可知：

（1）CN 区块岩样黏土矿物以伊利石为主，相对含量平均值大于 60.0%，含伊/蒙混层矿物，无蒙脱石。伊利石相对含量为 57.1%～69.1%，伊/蒙混层矿物相对含量为 5.0%～17.2%，绿泥石相对含量为 25.6%～25.9%。

（2）W 区块岩样黏土矿物以伊利石（51.5%～68.6%）为主，含伊/蒙混层矿物（19.1%～37.1%）和绿泥石（11.5%～12.4%），无蒙脱石。

由页岩岩样矿物组分分析结果可知，龙马溪组页岩为弱膨胀性地层，抑制水化膨胀不是该地层稳定井壁钻井液设计与性能优化中的主要矛盾，但却是必须考虑的因素。

三、页岩岩样微观结构分析

由于龙马溪组页岩岩性硬脆、层理发育，因此，页岩内部发育了大量的弱结构面。页岩中存在的弱结构面主要包括构造缝（张性缝和剪性缝）、层间页理缝、层面滑移缝、成岩收缩微裂缝和有机质演化异常压力缝 5 种裂缝，这 5 种裂缝的地质成因、识别特征和分布规律不尽相同。目前，页岩露头、井下取心岩样、微观结构分析资料和成像测井资料都已证实，页岩中发育大量的弱结构面，而且大都具有一定的产状，其产状特性会对岩石强度产生显著影响。图 2-1 为 CN—W 区块页岩露头照片。

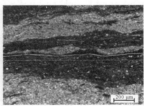

图 2-1　CN—W 区块页岩露头照片

从图 2-1 可以看出，CN—W 区块页岩露头裂缝发育，主要发育水平裂缝和垂直裂缝，以及水平层理。

图 2-2 所示为 W 区块龙马溪组页岩取心岩样。

图 2-2　W 区块龙马溪组页岩取心岩样

采用周文（1989）提出的标准对图2-2岩样进行发育裂缝的产状特征统计分析，裂缝倾角为85°~90°时视为垂直缝，裂缝倾角为45°~85°时视为高角度斜交缝，裂缝倾角为5°~45°时视为低角度斜交缝，裂缝倾角为0°~5°时视为水平裂缝。统计结果见表2-3。

表2-3　龙马溪组页岩取心岩样裂缝统计表

取心井段（m）	垂直缝（条）	高角度斜交缝（条）	低角度斜交缝（条）	水平缝（条）
1503~1516	1	5	0	9
1516~1529	9	2	0	5
1529~1542	23	2	3	4
1542~1550	18	0	2	15

从表2-3中数据不难发现，页岩中主要发育水平缝和垂直缝（或高角度缝），部分发育倾斜裂缝。其中，垂直缝51条，占52.04%；水平缝33条，占33.67%；高角度和低角度斜交缝较少，分别占9.18%和5.10%。因此，可以基本确定龙马溪组页岩主要发育相互垂直或近乎垂直的裂缝。

图2-3为X井页岩微电阻率扫描成像测井（FMI）图。

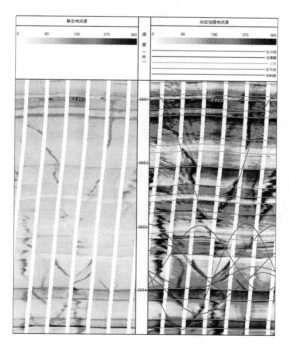

图2-3　X井页岩微电阻率扫描成像测井（FMI）图

从图 2-3 可以看出，该段页岩地层发育有大量的层理和部分高角度张性裂缝，其中成像测井中动态电成像结果能够更好地识别地层中的层理、张性裂缝等弱面，而静态电成像结果对裂缝识别能力较好、对层理的识别能力较差。另外，大量成像测井资料表明，钻井过程中容易产生大量的诱导裂缝，如钻具震动裂缝、热差诱导缝、重泥浆压裂缝、应力释放缝等，钻井诱导缝（压裂缝和应力释放缝）往往呈 180°对称分布，而天然裂缝通常单个出现或者成对出现，但不对称。在直井中，诱导缝方位通常与现今最大水平主应力方位一致。在斜切井眼中，天然裂缝则切井眼而过，在图像上一般显示为完整的正弦线。

页岩的微观结构分析主要揭示黏土矿物晶体的定向排列、胶结结构及微裂隙的发育及分布状况。除组分外，页岩中微裂缝是否发育、发育的程度及微裂缝开度的大小是钻井液性能优化的另一个重要因素。环境扫描电镜是观察研究岩石内部微裂缝等微观结构的最有效手段之一，图 2-4～图 2-10 展示了页岩岩样中黏土矿物的赋存形态、裂缝以及孔喉发育特征。

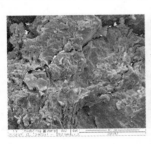 

图 2-4 微裂缝发育   图 2-5 层片状

 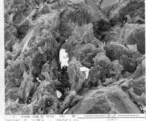 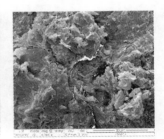

图 2-6 孔洞   图 2-7 黏土矿物发育

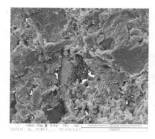
图 2-8　孔隙发育

图 2-9　裂隙充填

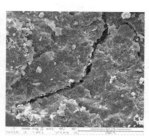
图 2-10　微裂缝宽度较大

从扫描电镜照片上看，来自不同取样点的页岩压实程度高、结构紧密，微裂缝发育，自然状态下微裂缝开度达 5 μm 以上。滤液易沿裂缝或微裂纹侵入地层，一方面降低缝面间结合力，另一方面引起水力尖劈效应，导致地层破碎，诱发井壁失稳。

对 W 区块龙马溪组页岩岩心用钻井液浸泡 5 天，然后开展电镜扫描实验，结果如图 2-11 所示。

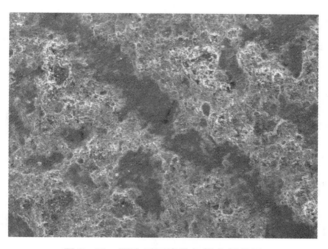
图 2-11　浸泡后页岩的扫描电镜结果

从图 2-11 可以清晰地看到，岩石表面出现微缝，裂缝呈片状分布，由于硬脆性页岩主要由伊利石和间层黏土矿物组成，其中的蒙脱石以与间层黏土矿物伴生的形式存在，很少含膨胀层黏土矿物，其地层的泥岩压实程度较高，水平层理、微裂隙发育。因此，当它浸于水中时，很少发生膨胀和变软。这种成层特性及微观构造，一方面使泥页岩在外力的作用下极易沿微裂缝或层理面破坏，造成井壁失稳，如页岩微裂隙发育或构造应力集中也易发生硬脆性页岩的破裂和剥落而导致井壁失稳。另一方面，在钻井过程中，钻井滤液沿微裂缝或节理面侵入地层深部后，虽然地层岩石微粒不会迅速发生膨胀和变软，但往往加剧泥页岩的水化和分散，扩大泥页岩水化面积，降低泥页岩的结合强度和层理面之间的结合力，导致泥页岩沿层理面或微裂隙裂开，进一步造成井壁失稳。一旦钻井液滤失量偏高，就很容易发生井壁掉块、坍塌等井内复杂情况。

微裂缝的发育将破坏岩石的完整性，弱化原岩的力学性能，同时为钻井过程中钻井液进入地层提供通道。在钻井正压差以及毛管力的作用下，工作液滤液沿裂缝或微裂缝侵入地层，一方面可能诱发水力劈裂作用，加剧井壁地层岩石破碎；另一方面也能提高钻井液与地层中黏土矿物和有机质的作用概率及作用程度，使地层强度快速降低，加剧井壁失稳。

从岩石力学的角度，无论哪种类型的液体进入裂缝系统都将降低岩石间的摩擦力和内聚强度，都不利于井壁稳定，所以应保持钻井液具有较强的封堵性能以及失水控制能力，最大限度地避免工作液沿裂缝或裂纹侵入。同时由于页岩气层岩石富含有机质，又具有很强的油润湿性，若油基钻井液进入页岩地层可能溶解有机质，造成井周钻井液波及深度范围的页岩，导致其强度软化，由此削弱井壁稳定性。因此，提高龙马溪组页岩地层的强化封堵能力应是钻井液性能设计与优化中首先解决的问题。

第三节　川渝地区页岩气井钻井液存在的问题

一、川渝页岩气井钻井液存在的问题

表2-4为川渝地区部分页岩气井钻井液出现的相关问题。

表 2-4　川渝地区部分页岩气井钻井液出现的相关问题

井号	井深 (m)	目的层	平均钻速 (m/h)	钻井周期 (d)	水平段长 (m)	钻井液出现的相关问题
CNH9-1	4560	龙马溪组	5.54	60.83	1400	4560 m时泵压由14 MPa下降至12 MPa再下降至10 MPa，井口失返，漏失油基钻井液280 m³
CNH6-1	4460	龙马溪组	6.80	77.20	1500	2938.03 m漏失油基钻井液292.3 m³

续表

井号	井深 (m)	目的层	平均钻速 (m/h)	钻井周期 (d)	水平段长 (m)	钻井液出现的相关问题
CNH6-2	4206	龙马溪组	6.31	60.23	1500	2256 m 漏失油基钻井液 24 m^3
CNH6-3	4115	龙马溪组	4.92	73.50	1500	2135 m 和 3592.5 m 发生小型漏失油基钻井液
CN11-3	4850	龙马溪组	5.37	163.08	1500	下套管遇阻，漏失油基钻井液 129.4 m^3、隔离液 129.4 m^3、水泥浆 9.2 m^3
CNH13-2	4440	龙马溪组	4.79	91.29	1500	须家河井漏，聚合物低固相钻井液累计漏失 662.7 m^3
CNH13-3	4421	龙马溪组	3.93	104.20	1501	须家河井漏，聚合物低固相钻井液漏失 490 m^3，聚磺钻井液漏失 114.6 m^3
CNH9-4	4225	龙马溪组	5.17	59.39	1400	井深 4225 m 处通井遇阻，渗透性漏失水基钻井液 109 m^3，井漏下套管遇阻，漏失钻井液 96 m^3
Z201	5167	龙马溪组	—	—	1200	龙马溪地层垮塌，钻井液密度高，给地层带来较大压差，易引起垮塌、井漏、卡钻等事故
Z202	5542	龙马溪组	—	—	1200	水基钻井液侧钻至 3965 m 龙一层，井下垮塌、井眼复杂，多次通井困难。电测证实，多段平均井径扩大率为 22%～36%或以上

从表 2-4 可以看出，各页岩气区块的水基、油基钻井液皆存在漏失现象。钻井液尤其是水基钻井液在水平井钻井过程中，地层垮塌、井漏、卡钻较为严重，部分井在钻井过程中多次改变钻井液体系，包括变更为油基钻井液，既延误工期又增加施工成本。

钻井过程中出现的问题可归结为两个方面：

（1）井壁稳定差。钻遇裂缝、地层裂隙以及薄弱层后，页岩与钻井液会发生水化反应，改变页岩强度，影响稳定性，导致水平段井眼易垮塌。

（2）岩屑床清除难。水平井在水平段有岩屑重力效应，同时井眼尺寸小、泵压高、限制排量，因而容易出现岩屑床，导致钻井液携岩清砂能力变差、井眼清洁难度大。

川渝页岩气井水基钻井液适应性情况的部分统计结果见表2-5。

表2-5 川渝页岩气井水基钻井液适应性情况的部分统计结果

钻井液提供方	区块	井数	水平段钻井液体系	适应性
川庆钻井液公司	CN	15	高性能水基钻井液	适应性较好
	W	13	高性能水基钻井液	W204区块适应性较好，Z201区块适应性较差
格瑞迪斯	CN	6	GOF高性能水基钻井液	适应性较好
哈里伯顿	W	1	HD水基钻井液	Z202井适应性较差

从表2-5可以看出，水基钻井液在川渝页岩气区块适应性差异大。在国外取得较好应用效果的水基钻井液在川渝部分区块适应性却较差，而在川渝页岩气部分区块取得较好应用效果的水基钻井液在川渝其他区块的适应性较差。

二、川渝页岩气井钻井液出现的技术问题实例

（一）Z201井钻井情况

Z201井原为Z区块页岩气评价直井，2015年5月31日钻至井深3704 m时完钻。为加快评价Z区块志留系龙马溪组页岩分布、含气性及该区水平井产能，直接将井型变更为水平井（直改平），于2016年3月7日钻塞至井深3240 m（侧钻点）处，采用的是国产高性能水基钻井液。

2016年3月21日钻进至3780 m处遇卡且处理卡钻无效，22日解卡后循环加重钻井液（密度由2.10 g/cm^{3}上升至2.19 g/cm^3、黏度由43 s上升至55 s），返出岩屑掉块多（图2-12）。至4月27日，钻进至井深4270.74 m时，井下垮塌严重，多次通井，且下钻作业困难。除地层因素外，采用的水基钻井液对泥页岩的水化膨胀抑制性较差，也是导致井壁岩石垮塌卡钻的因素之一。

图 2—12　Z201 井返出岩屑掉块

　　该井于 8 月 19 日回填至造斜段，换油基钻井液至 10 月 20 日完钻，延误工期近 140 天。

　　表 2—6 列出了 Z201 井在钻进过程中出现的与井眼及钻井液性能相关的问题。

表 2—6　Z201 井出现的与井眼及钻井液性能相关的问题

序号	日期	井深（m）	问题描述
1	2016—03—07	3704.00	下钻遇阻
2	2016—03—22 至 03—25	3780.53	遇卡，反复上提下放活动钻具解卡，继续下钻又遇阻
3	2016—03—31	3932.49	下钻遇阻
4	2016—04—03 至 04—04	3941.92	下钻遇阻，划眼困难，更换仪器后划眼到底，出口返出大量掉块
5	2016—04—10 至 04—22	4229.56	钻进遇卡，划眼、活动钻具反复遇阻
6	2016—04—24 至 05—10	4257.64	出口返出掉块
7	2016—05—21 至 05—23	4442.40	起下钻遇阻
8	2016—05—25 至 06—17	4497.61	接立柱时遇卡，地面震击器解卡，划眼遇卡
9	2016—09—11 至 09—13	4361.00	起下钻遇阻，划眼解卡
10	2016—09—14 至 09—18	4368.82	下钻反复遇阻
11	2016—09—19 至 09—24	4373.42	起钻遇卡，上下活动钻具、震击，未解卡；注入酸液，震击解卡

从表 2-6 可以看出，Z201 井在钻进过程中出现的与井眼及钻井液性能相关的问题主要有：井壁稳定性差，龙马溪地层易塌，钻井液密度高，给地层带来较大压差及垮塌、井漏、卡钻等钻井风险；定向段、水平段井眼的净化能力和携屑能力差，岩屑床难以清除；裸眼井段长，长水平段钻进过程中扭矩、摩阻大，润滑性要求高，而该井钻井液润滑与减摩阻性较差。

（二）Z202 井钻井情况

Z202 井原设计为 Z 区块一口页岩气评价直井。2015 年 3 月 6 日开钻，同年 7 月 3 日钻进至井深 3688 m，于层位宝塔组完钻。由于该井龙马溪组优质页岩厚度较大，储层品质好，于 2015 年 8 月 26 日改为水平井。Z202 井直改平，侧钻点选在 3330 m，水平段长 1500 m，设计完钻井深 5357 m。表 2-7 列出了 Z202 井在钻进过程中出现的与井眼及钻井液性能相关的问题。

表 2-7　Z202 井出现的与井眼及钻井液性能相关的问题

序号	日期	井深（m）	问题描述
1	2016-06-21 至 08-05	3964.70	划眼反复遇卡，顶驱多次憋停，反复拉划井壁，举砂，循环
2	2016-08-06 至 09-21	3965.80	起下钻遇阻
3	2016-11-16	4090.00	下钻遇阻
4	2016-11-17	4094.55	上提钻具卡钻，震击解卡
5	2016-11-23 至 11-28	4096.50	活动钻具时卡钻，震击未解卡；注酸，替入白油基钻井液解卡
6	2016-11-29 至 12-01	4096.50	起钻完发现震击器断裂，打捞时下钻遇阻
7	2017-02-10 至 02-12	4096.50	下钻遇阻
8	2017-02-22	4105.80	下钻遇阻
9	2017-03-01 至 03-05	4324.50	起下钻反复遇阻

2016 年 6 月 2 日自井深 3307 m 处采用高性能水基钻井液进行直改平侧钻，6 月 21 日钻至 3965 m、龙一层位，发生严重井下垮塌，井眼复杂。多次通井，起下钻仍非常困难。后经电测证实，多段平均井径扩大率为 22%～36%或以上。

9 月 29 日，讨论制定该井转用白油基钻井液方案，而后恢复钻进。2016 年 10 月 14 日，Z202 井水平段在经历长达 115 天的井眼处理后，进入正常钻井作业状态。

第三章 页岩气钻井液性能评价方法及推荐指标

目前，国内涉及钻井液性能评价的标准和规范主要有《石油天然气工业钻井液现场测试 第1部分：水基钻井液》（GB/T 16783.1—2014）和《石油天然气工业 钻井液现场测试 第2部分：油基钻井液》（GB/T 16783.2—2012），这两个标准规定了钻井液密度、黏度、滤失量、固相含量、碱度、钙含量等检测指标及评价方法；2017年，国家能源局发布实施《页岩气 钻井液使用推荐作法 油基钻井液》（NB/T 14009—2016）等16项页岩气行业标准，但以上标准均没有针对页岩气钻井特点给出页岩气钻井液的检测指标及评价方法。通过第一章中对页岩气钻井液研究进展及技术难点的分析和第二章中对川渝页岩气区块地质岩性特征的分析，本章在梳理钻井液国家标准、行业标准、企业标准，以及非标准评价方法的基础上，形成了页岩气钻井液性能综合评价方法，包括常规性能评价、封堵性能评价、抑制性能评价、润滑性能评价、钻井液高温高压流变性能评价和稳定性能评价以及有害低密度固相含量计算方法等。

第一节 常规性能评价方法及设备

钻井液常规性能评价依据《石油天然气工业 钻井液现场测试 第1部分：水基钻井液》（GB/T 16783.1—2014）和《石油天然气工业 钻井液现场测试 第2部分：油基钻井液》（GB/T 16783.2—2012）两个标准进行。

一、钻井液密度

（一）设备材料、药品

（1）钻井液密度计（图 3-1）：精度为 0.01 g/cm³。

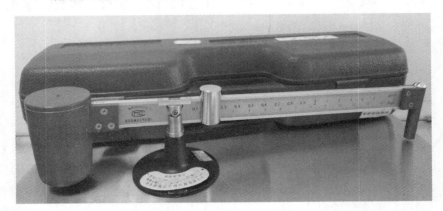

图 3-1　钻井液密度计

（2）温度计：量程为 0℃～100℃，精度为 1℃。

（二）准备工作

（1）正确规范地穿戴好劳动保护用品。

（2）对钻井液密度计进行校正。向钻井液样品杯中注满淡水，盖上样品杯盖子并擦拭干净样品杯的外部。将密度计的刀口缓慢地放在底座的支架点上，移动游码，让游码左边线对准 1.00 刻度处，观察水平泡是否居中，即密度计是否平衡；若不平衡，需要在刻度梁末端小孔内增减铅粒数，使之平衡。

（3）对待测钻井液样品进行充分搅拌，使其均匀。

（三）开始试验

（1）用温度计测量待测钻井液温度。

（2）放置好密度计底座。

（3）以待测钻井液样品注满样品杯，盖上杯盖并慢慢旋转，使多余的液体从杯盖的小孔中溢出。

（4）用手指压住杯盖上面的小孔，用清水冲洗并擦干样品杯的外部。

（5）将钻井液密度计的刀口慢慢放在底座的支架点上，移动游码，当水平泡位于中央时，在游码的左边边缘读取数值并记录下来。

（6）清洗。将样品杯中的液体倒回容器，清洗试验仪器并擦干，放回原处。将试验台面整理干净。

（四）注意事项

（1）经常用满足要求的清水对密度计进行校正。

（2）为了保证检测结果的准确性，要保持仪器清洁。

（3）除非重新校正仪器，否则切勿旋开平衡筒上面的丝堵和游码底部的螺钉。

二、漏斗黏度

（一）设备材料、药品

（1）马氏漏斗一套（图 3-2）：满足钻井液测定要求。

图 3-2 马氏漏斗一套

（2）秒表：精度为 0.1 s。

（3）温度计：量程为 0℃～100℃，精度为 1℃。

（二）准备工作

（1）正确规范地穿戴好劳动保护用品。

（2）马氏漏斗黏度计校正：在温度为（21±3）℃的环境中，用手指堵住马氏漏斗流出口，保持漏斗垂直；向漏斗注入 1500 mL 的淡水，测定流出946 mL 淡水的时间，时间应符合（26±0.5）s。

（3）对待测样品进行充分搅拌，使其均匀。

（4）检查试验仪器及设备是否完好，导流管内是否有异物堵塞。

（三）开始试验

（1）用手指堵住马氏漏斗流出口，保持漏斗垂直，使钻井液通过筛网，直至液面达到筛网底部为止。

（2）在漏斗的下方放置盛液杯，移开手指的同时开始计时，测量钻井液流至杯内 946 mL 时所需时间。

（3）测量并记录钻井液温度。

（4）清洗。将样品杯中的液体倒回容器，清洗仪器并擦干，放回原处。将试验台面整理干净。

（四）注意事项

（1）按照规程用满足要求的淡水对仪器进行校正。

（2）避免仪器接触高温，防止引起变形。

（3）做好对漏斗滤网的保护，防止破损或者变形。

（4）取样后要在尽可能短的时间内测定，在室内测定时要先将测试试验浆加热到取样温度。

（5）测定时保持漏斗始终垂直于地面。

三、表观黏度、塑性黏度、动切力

（一）设备材料、药品

（1）旋转黏度计一套（图 3-3）：满足钻井液测定要求。

图 3—3 旋转黏度计一套

（2）秒表：精度为 0.1 s。

（3）温度计：量程为 0℃～100℃，精度为 1℃。

（二）准备工作

（1）正确规范地穿戴好劳动保护用品。

（2）对待测样品进行充分搅拌，使其均匀。

（3）检查仪器的完整性并转动各个部件。

（三）开始试验

（1）向样品杯中注入钻井液样品至刻度线处，将样品杯放在黏度计底架上，使样品液面恰好与外筒上的刻度线重合。

（2）在外部加加热套，确保试验温度为井口温度，温差不超过 6℃，测量并记录钻井液温度。

（3）分别将转速调至 600 r/min、300 r/min、200 r/min、100 r/min、6 r/min、3 r/min，记录稳定后的读值。

（4）将钻井液样品在 600 r/min 下搅拌 10 s，再静置 10 s，然后开启转速 3 r/min，最大读值就是初切力。再将钻井液样品在 600 r/min 下搅拌 10 s，再静置 10 min，然后开启转速 3 r/min，最大读值就是终切力，单位为磅力每一百平方英尺（1 bf/100ft²）。

（四）试验数据处理

表观黏度的计算：

$$\eta_a = 0.5 \times R_{600} \tag{3-1}$$

式中：η_a——表观黏度，可用 AV 表示，mPa·s；

R_{600}——旋转黏度计转速为 600 r/min 时的表盘读值。

塑性黏度的计算：

$$\eta_p = R_{600} - R_{300} \tag{3-2}$$

式中：η_p——塑性黏度，可用 PV 表示，mPa·s；

R_{600}——旋转黏度计转速为 600 r/min 时的表盘读值；

R_{300}——旋转黏度计转速为 300 r/min 时的表盘读值。

动切力的计算：

$$YP = 0.48 \times (R_{300} - \eta_p) \tag{3-3}$$

式中：η_p——塑性黏度，可用 PV 表示，mPa·s；

R_{300}——旋转黏度计转速为 300 r/min 时的表盘读值；

YP——动切力，Pa。

（五）注意事项

（1）在每次试验完后必须及时将仪器及与样品接触的部件清洗干净。

（2）在操作仪器时要轻拿、轻放，以免造成仪器部件变形，从而影响试验精度。

（3）在读取数据时，保持正确的姿势，眼睛尽可能与刻度盘垂直。

（4）取样后尽快检测（如有可能，应在 5 min 之内进行检测）。

四、低温低压滤失量

（一）设备材料、药品

API 滤失仪（图 3-4）、滤纸、秒表、量筒、温度计、钢尺等。

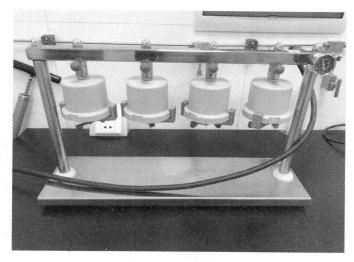

图 3—4　API 滤失仪

（二）准备工作

（1）正确规范地穿戴好劳动保护用品。

（2）连接好仪器管线，检查管线是否完好无损。

（3）对待测样品进行充分搅拌，使其均匀。

（三）开始试验

（1）取出钻井液杯组件，卸下杯盖。用手指堵住钻井液杯底部小孔，使钻井液杯口向上，将样品注入杯中，使其液面距钻井液杯顶部 1～1.5 cm。

（2）依顺序迅速放入 O 形密封圈、滤纸、杯盖，并按顺时针方向旋紧（注意勿将 O 形密封圈打湿，以防滤纸破损）。

（3）翻转钻井液杯使其出液口在下端，再将组件旋入控制部位旋转 90°。

（4）将干燥的量筒放在排出管下以接收滤液。

（5）关闭泄压阀并调压，使压力在 30 s 或更短的时间内达到（690±35）kPa，加压的同时开始计时。

（6）当滤出时间达到 30 min 时，将滤失仪流出口上的残留液滴收集到量筒中，移去量筒，读取和记录滤液体积（精确至 0.1 mL）及钻井液样品的初始温度。

（7）关闭压力调节器并小心打开泄压阀。

（8）在确保所有压力全部被释放的情况下，从支架上取下钻井液杯，卸下杯盖，倒出钻井液，小心取出滤纸，用水小心冲洗掉泥饼表面的泥浆，测量泥饼厚度，精确至 0.5 mm。并对泥饼进行描述。

（9）将各部件擦拭干净并放回原位。收拾试验台，保持台面整洁。

（四）注意事项

（1）拆卸钻井液杯前，确保浆杯内部气体已被全部放掉。

（2）气源严禁使用氧气。

（3）调节压力时不能将压力调节至超过压力表总量程的 2/3，逐渐加压；不得敲击压力表。

五、高温高压滤失量

（一）设备材料、药品

OFITE 170－00－4S 高温高压静态滤失仪（图 3－5）、滤纸、秒表、温度计、量筒、高速搅拌器等。

图 3－5　OFITE 170－00－4S 高温高压静态滤失仪

（二）准备工作

（1）正确规范地穿戴好劳动保护用品。

（2）连接好仪器管线，检查管线是否完好无损。

（3）对待测样品进行充分搅拌，使其均匀。

（三）开始试验

（1）把温度探头插入仪器外部加热套的插孔内，设定试验所需温度，接通电源，对加热套进行预加热。

（2）将经高速搅拌 10 min 的钻井液倒入钻井液杯中，使液面距钻井液杯顶部达到规定高度，放好滤纸，组装好该高温高压静态滤失仪的各部件。

（3）在保持顶部和底部阀杆关闭的情况下，分别将顶部和底部的压力调节至试验温度推荐的回压（表 3−1）。打开顶部阀杆，待温度达到试验所需温度后，将顶部压力在施加回压的基础上增加 3450 kPa，并打开底部阀杆开始测定滤失量。测定期间温度应维持在设定的测试温度±3℃以内。

表 3−1　不同试验温度推荐的最低回压

试验温度		蒸气压		最低回压	
℃	℉	kPa	psi	kPa	psi
100	212	101	14.7	690	100
120	250	207	30	690	100
150	300	462	67	690	100
"正常"现场试验的极限					
175	350	932	135	1104	160
200	400	1704	247	1898	275
230	450	2912	422	3105	450

（4）收集滤液达 30 min。记录滤液总体积、温度、压力和时间。

（5）试验所用仪器的过滤面积为 22.6 cm²，应将过滤面积校正为 45.8 cm²，所以最终滤失量应为收集到的滤液体积乘以 2。

（6）试验结束后，拧紧顶部和底部阀杆，关闭气源、电源，取下钻井液杯，使其保持直立状态冷却至室温。释放掉钻井液杯内的压力，小心取出滤纸，用水小心冲洗滤饼表面上的浮泥，测量并记录滤饼厚度（精确至 0.5 mm）。并对泥饼进行描述。

（7）将各部件擦拭干净并放回原位。收拾试验台，保持台面整洁。

（四）注意事项

（1）试验结束后，先从压力调节器中放掉压力，再拔掉钻井液杯与气源连接处的插销，防止管线中憋压伤人。

（2）钻井液杯完全冷却后，先拧开顶部阀杆，放出杯内残存的压力，再打开杯盖，防止烫伤、杯内憋压伤人。

（3）试验过程中穿戴好劳动保护用品，防止烫伤和砸伤。

六、水、油和蒸馏固相含量

（一）设备材料、药品

钻井液固相含量测定仪一套（图3-6）、马氏漏斗黏度计、消泡剂、耐温硅酯等。

图3-6　钻井液固相含量测定仪一套

（二）准备工作

（1）正确规范地穿戴好劳动保护用品。

（2）首先对钻井液做预处理，使钻井液过马氏漏斗筛网，以清除堵漏材料及钻屑。

（3）如发现钻井液样品中有明显气泡，需加入2～3滴消泡剂并缓慢搅拌2～3 min以清除气体。

（三）开始试验

（1）在样品杯内部和螺纹处涂敷一层耐高温硅酮润滑剂，以防止样品蒸馏时有蒸汽损失，同时也便于试验结束后仪器的拆卸和清洗。

（2）在样品杯内注满已消泡的钻井液样品，并小心把样品杯盖盖上，应确保有少许过量钻井液从杯盖小孔溢出；擦拭干净样品杯和杯盖外面溢出的样品。

（3）小心取下杯盖，并组装好样品杯与蒸馏器。

（4）在冷凝器排出管的下方放置一个干燥洁净的量筒。

（5）接通电源，加热蒸馏器，并观察从冷凝器口滴下的液体。当不再有液体滴出后，继续加热 10 min。

（6）待量筒及其中液体温度冷却至室温后，读取并记录收集到的油和水的体积。

（7）待冷却后，将仪器各部件擦拭干净并放回原位。收拾试验台，保持台面整洁。

（四）试验数据处理

水的体积分数的计算：

$$\varphi_w = \frac{V_w}{V_{df}} \times 100\% \tag{3-4}$$

式中：V_w——水的体积，mL；

V_{df}——钻井液样品的体积，mL。

油的体积分数的计算：

$$\varphi_o = \frac{V_o}{V_{df}} \times 100\% \tag{3-5}$$

式中：V_o——油的体积，mL；

V_{df}——钻井液样品的体积，mL。

蒸馏固相的体积分数的计算：

$$\varphi_s = 100\% - (\varphi_w + \varphi_o) \tag{3-6}$$

式中，蒸馏水固相体积分数包含悬浮固相（加重材料和低密度固相）和溶解物（盐）。因此，这一蒸馏固相的体积分数仅为未处理过的淡水钻井液的悬浮固相的体积分数。

（五）注意事项

（1）试验过程中穿戴好劳动保护用品，防止烫伤。

（2）取拿加热棒时，要轻拿轻放，以防损坏加热棒。

七、含砂量

(一) 设备材料、药品

钻井液含砂量测定仪一套（图3-7）。

图3-7　钻井液含砂量测定仪一套

(二) 准备工作

正确规范地穿戴好劳动保护用品。

(三) 开始试验

(1) 将适量的钻井液注入玻璃测量管至下面标记处，加水至上面标记处，用手堵住管口并剧烈振荡。

(2) 向洁净、湿润的筛网（74 μm）中倾倒上述振荡过的基液，弃掉通过筛网的流体。向玻璃测量管中再加适量水，振荡并倒入筛网中。重复上述步骤直至玻璃测量管干净为止。

(3) 将漏斗上口朝下套住筛框，缓慢翻转过来并把漏斗尖端插入玻璃测量管口，用小水流通过筛网将砂子全部冲入玻璃测量管内。使砂子沉降到玻璃测量管底部，读取砂子体积的刻度值，即为钻井液的含砂量。

(4) 将仪器各部件擦拭干净并放回原位。收拾试验台，保持台面整洁。

(四) 注意事项

(1) 用水冲洗筛网时，使水从四周缓慢冲淋，不宜用大水流。

（2）在使用筛网时避免施加过大外力，防止其变形而影响试验结果的准确性。

八、亚甲基蓝容量

（一）设备材料、药品

3.20 g/L 的亚甲基蓝溶液、3%的过氧化氢溶液、2.5 mol/L 的稀硫酸、滤纸、注射器、量筒、搅拌棒、移液管、锥形瓶、加热仪器等。

（二）准备工作

正确规范地穿戴好劳动保护用品。

（三）开始试验

（1）在锥形瓶中加入 10 mL 的水，并用注射器吸取 2.0 mL 的钻井液样品注入锥形瓶中。

（2）往锥形瓶中注入 15 mL 3%的过氧化氢溶液、0.5 mL 2.5 mol/L 的稀硫酸。

（3）用加热仪器加热锥形瓶中液体，缓慢煮沸 10 min，注意不要蒸干。然后向锥形瓶中液体加水将样品稀释至 50 mL。

（4）以每次 0.5 mL 的量把亚甲基蓝加进锥形瓶中，并持续摇动锥形瓶 30 s。在确保固相颗粒悬浮的状态下，用玻璃棒蘸取一滴悬浮液点至滤纸上，当染色固体周围出现蓝色或者绿蓝色环时，表明达到最初的滴定终点。

（5）当发现蓝色环斑点向外扩展时，再持续摇动锥形瓶 2 min，然后用玻璃棒蘸取一滴悬浮液点至滤纸上。如果蓝色环比较明显，表明达到滴定终点；否则继续上一步试验，直到持续摇动锥形瓶 2 min 后，滤纸上呈现蓝色环为止。

（6）记录所消耗的亚甲基蓝溶液的体积。

（四）试验数据处理

钻井液的亚甲基蓝容量的计算：

$$C_{\mathrm{MBT}} = \frac{V_{\mathrm{mb}}}{V_{\mathrm{df}}} \tag{3-7}$$

也可用膨润土当量表示：

$$E_{BE,a} = 14.25 \times \frac{V_{mb}}{V_{df}}$$

(3－8)

式中：V_{mb}——滴定消耗的亚甲基蓝溶液的体积，mL；

V_{df}——钻井液样品的体积，mL；

$E_{BE,a}$——膨润土当量，kg/m³。

（五）注意事项

（1）在试验过程中穿戴好劳动防护用品，防止烫伤。

（2）加热过程中，用水稀释溶液时，要不停地摇动锥形瓶，防止局部冷却造成锥形瓶炸裂。

九、pH 值

推荐使用玻璃电极 pH 计测定钻井液 pH 值，pH 试纸比色法可用于井场测定 pH 值。

（一）设备材料、药品

pH 计（图 3-8），pH 为 4.0、7.0 和 10.0 的缓冲溶液，蒸馏水或去离子水等。

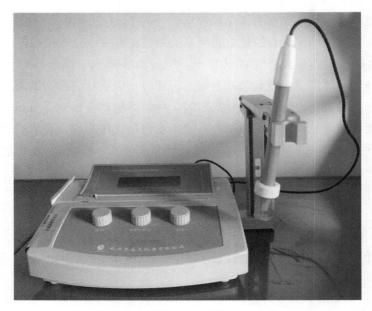

图 3-8　pH 计

（二）准备工作

正确规范地穿戴好劳动保护用品。

（三）开始试验

（1）取待测钻井液样品一份，使其温度达到（24±3）℃。

（2）使缓冲溶液的温度与待测钻井液样品的温度保持一致。

（3）用蒸馏水冲洗电极并擦干。

（4）将 pH 计电极放入 pH 值为 7.0 的缓冲溶液中，启动仪器，等待 60 s 至读值稳定，测定 pH 值为 7.0 的缓冲溶液温度，将"温度"旋钮调至此温度，使用"校正"旋钮调整仪器读值为"7.0"。

（5）用蒸馏水冲洗电极并擦干，用 pH 值为 4.0 或 10.0 的缓冲溶液重复步骤（4）的操作，如待测样品呈"酸性"则用 pH 值为 4.0 的缓冲溶液；如待测样品呈"碱性"则用 pH 值为 10.0 的缓冲溶液。调节斜率旋钮将仪器读值分别调至"4.0"或"10.0"。再次用 pH 值为 7.0 的缓冲溶液校准仪器。如读值发生变化，则用"校正"旋钮将读值重新调至"7.0"。

（6）校正好仪器后，用蒸馏水冲洗电极并擦干。将 pH 计电极放入待测钻井液样品中并缓慢搅动 60～90 s，待读值稳定。记录样品的 pH 值，精确至 0.1 pH 单位，并记录样品的温度。

（7）清洗仪器后关闭仪器。收拾试验台，保持台面整洁。

（四）注意事项

（1）在仪器使用过程中，要避免电极的玻璃泡接触硬物，防止失效。

（2）仪器使用完毕后，应将电极放在装有补充液的保护套中。

十、碱度和石灰含量

（一）设备材料、药品

0.01 mol/L 的硫酸标准溶液、1 g/100mL 的酚酞指示剂、50％的乙醇水溶液、0.1 g/100mL 的甲基橙指示剂（水溶液）、pH 计、锥形瓶、移液管、注射器、搅拌棒等。

（二）准备工作

正确规范地穿戴好劳动保护用品。

（三）开始试验

1. 滤液酚酞碱度和甲基橙碱度的测定程序

（1）取 1 mL 或更多的钻井液滤液于锥形瓶中，加入 2 滴或更多的酚酞指示剂。若指示剂变为粉红色，则用刻度移液管向滤液中逐滴加入 0.01 mol/L 硫酸标准溶液并不断搅拌，直到粉红色恰好消失为终点。如果滤液颜色较深，对观察指示剂颜色的变化产生了干扰，可用 pH 计测定 pH 值，待 pH 值降至 8.3 时即为终点。

（2）以每毫升滤液消耗 0.01 mol/L 硫酸标准溶液的毫升数，记录滤液的酚酞碱度（P_f）。

（3）向测完酚酞碱度后的样品中加入 2~3 滴甲基橙指示剂，用刻度移液管逐滴加入 0.01 mol/L 硫酸标准溶液，直至指示剂颜色从黄色变为粉红色为终点。也可用 pH 计测定 pH 值，待 pH 值降至 4.3 时即为终点。

2. 钻井液酚酞碱度的测定程序

用注射器或移液管取 1.0 mL 钻井液样品于锥形瓶中，用 25~50 mL 蒸馏水稀释，加入 4~5 滴酚酞指示剂。如指示剂变为粉红色，则边搅拌边用 0.01 mol/L 硫酸标准溶液迅速滴定至粉红色消失为终点。如滴定终点不明显，可用 pH 计测定 pH 值，待 pH 值降至 8.3 时即为终点。如怀疑有水泥污染，则应尽可能快地滴定，并以粉红色第一次消失为滴定终点。以每毫升钻井液消耗的 0.01 mol/L 硫酸标准溶液的毫升数，记录钻井液的酚酞碱度（P_{df}）。

（四）试验数据处理

石灰含量的估算——由液相和固相含量测定得到的水的体积分数，计算钻井液中水的系数：

$$F_w = 0.01 \times \varphi_w \qquad (3-9)$$

再计算石灰含量：

$$c_{lime,A} = 0.742 \times (P_{df} - F_w P_f) \qquad (3-10)$$

式中：$c_{lime,A}$——石灰含量，kg/m^3；

F_w——钻井液中水的（体积）系数，以小数表示；

φ_w——钻井液中水的体积与钻井液总体积的比值，以百分数表示；

P_{df}——钻井液的酚酞碱度；

P_f——滤液的酚酞碱度。

十一、氯离子含量

（一）设备材料、药品

0.0282 mol/L 的硝酸银标准溶液、5 g/100mL 的铬酸钾指示剂、0.01 mol/L 的硫酸标准溶液（或 0.02 mol/L 的硝酸标准溶液）、酚酞指示剂、碳酸钙、蒸馏水、移液管、锥形瓶、搅拌棒等。

（二）准备工作

正确规范地穿戴好劳动保护用品。

（三）开始试验

（1）取 1 mL 或更多滤液置于锥形瓶中，加入 2～3 滴酚酞指示剂。若加入指示剂后溶液变为粉红色，则边搅拌边用移液管逐滴加入硫酸或硝酸标准溶液，直至粉红色消失。如滤液颜色较深，则先加入 2 mL 0.01 mol/L 的硫酸标准溶液或 2 mL 0.02 mol/L 的硝酸标准溶液并搅拌均匀，然后加入 1 g 碳酸钙并搅拌。

（2）加入 25～50 mL 的蒸馏水和 5～10 滴铬酸钾指示剂，在不断搅拌下，用移液管逐滴加入 0.0282 mol/L 的硝酸银标准溶液，直到颜色由黄色变为砖红色并保持 30 s 为止。

（3）记录到达终点时消耗的硝酸银标准溶液的体积。

（四）试验数据处理

滤液中的氯离子浓度的计算：

$$C_{Cl^-} = 1000 \times \frac{V_{sn}}{V_f} \tag{3-11}$$

式中：C_{Cl^-}——滤液中氯离子浓度，mg/L；

V_{sn}——滴定中所消耗的硝酸银标准溶液的体积，mL；

V_f——滤液体积，mL。

十二、钙镁离子的总硬度

(一) 设备材料、药品

0.01mol/L 的 EDTA 标准溶液、缓冲溶液、硬度指示剂、乙酸、次氯酸钠溶液、去离子水或蒸馏水、锥形瓶、移液管、加热板、pH 试纸等。

(二) 准备工作

正确规范地穿戴好劳动保护用品。

(三) 开始试验

(1) 取 1.0 mL 或更多滤液置于 150 mL 锥形瓶中。
[若滤液无色或颜色较浅，可省略 (2) ～ (5)。]
(2) 加入 10 mL 次氯酸钠溶液并混合均匀。
(3) 加入 1 mL 乙酸并混合均匀。
(4) 将锥形瓶内液体煮沸 5 min，煮沸时按需加入蒸馏水以保持瓶内液体体积不变。煮沸可除去过量的氯气。将 pH 试纸浸在样品中可测试氯气是否除尽。如试纸被漂白，则需要继续煮沸。
(5) 冷却样品。
(6) 用去离子水或蒸馏水冲洗锥形瓶内壁并将瓶内液体稀释至 50 mL，加入约 2 mL 缓冲溶液并混合均匀。
(7) 加入足够的硬度指示剂并混合均匀。若锥形瓶内液体中存在钙离子或镁离子，将会呈酒红色。
(8) 边摇动边用 EDTA 标准溶液滴定，硬度指示剂将由红色变为蓝色。继续加入 EDTA 标准溶液时，不再有由红到蓝的颜色变化，即为滴定终点。
(9) 记录所消耗的 EDTA 标准溶液体积。

(四) 试验数据处理

钙镁离子总硬度的计算：

$$C_{Ca^{2+}+Mg^{2+}} = 400 \times \frac{V_{EDTA}}{V_f} \tag{3-12}$$

式中：$C_{Ca^{2+}+Mg^{2+}}$——钙镁离子总硬度，以钙离子计，mg/L；

V_{EDTA}——滴定消耗的 EDTA 标准溶液体积，mL；

V_f——滤液体积，mL。

十三、电稳定性测定

（一）设备材料、药品

电稳定性测定仪一套（图3—9）：满足油基钻井液电稳定性测定要求。
马氏漏斗、黏度计恒温杯、温度计等。

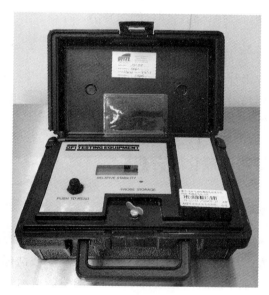

图3—9　电稳定性测定仪一套

（二）准备工作

正确规范地穿戴好劳动保护用品。

（三）开始试验

（1）用马氏漏斗过滤钻井液样品。

（2）将过滤后的钻井液倒入（50±2）℃恒温的黏度计恒温杯中，并用温度计测定钻井液样品的温度。

（3）可用钻井液的基油对测试电极进行清洗，清洗后待探头干燥再进行测定。

（4）手持仪器探头在（50±2）℃的钻井液样品中搅拌约10 s，确保样品的成分和温度均匀。将电极放在合适位置，不得接触容器的底部和壁，并完全浸没在样品中。

（5）启动仪器电源，按照仪器操作规程对样品进行测定，并且在测定过程中保持电极不动。

（6）记录仪器显示屏上的读值。

（7）重复测试样品，两次读值误差不得超过 5%。否则，需检查仪器和电极探头是否有故障。

（8）将两次读值的平均值作为最终的测量结果。

（9）清洗仪器，收拾试验台面，确保整洁。

（四）注意事项

（1）试验过程中穿戴好劳动保护用品，防止烫伤。

（2）如果仪器长时间不用或者使用了电池适配器，为防止电池长时间不用而引起仪器腐蚀损坏，需把仪器中的电池拆卸下来。

十四、水基钻井液化学分析

（一）设备材料、药品

离心机、Garrett 气体分析仪、0.01 mol/L 的 EDTA 标准溶液、2.5 mol/L 的硫酸标准溶液、四苯硼钠标准溶液、季铵盐标准溶液、氢氧化钠溶液（在去离子水中的质量分数为 20%）、溴酚蓝指示剂、缓冲溶液、钙指示剂、乙酸、消泡剂、载气、Drager 硫化氢分析管、乙酸铅试纸盘、注射器、针头、Drager CO_2 分析管、150.0 g/100mL 蒸馏水的高氯酸钠标准溶液、14.0 g 氯化钾用去离子水或蒸馏水定容至 100 mL、气袋、旋塞阀、锥形瓶、移液管、离心管、加热板、掩蔽剂、pH 试纸、量筒、次氯酸钠溶液、去离子水或蒸馏水等。

（二）准备工作

正确规范地穿戴好劳动保护用品。

（三）开始试验

1. 钙离子含量

（1）用移液管取 1 mL 或更多滤液置于 150 mL 的锥形瓶中。

［若滤液无色或颜色较浅，可省略（2）～（5）。］

（2）加入 10 mL 次氯酸钠溶液并混合均匀。

（3）然后加入 1 mL 乙酸并混合均匀。

（4）将锥形瓶中液体煮沸 5 min，在煮沸期间按需加入蒸馏水以保持瓶中液体体积不变。煮沸可除去溶液中过量的氯气。将 pH 试纸浸在样品中可测试氯气是否除尽，如试纸漂白则需要继续煮沸。充分煮沸过的样品其 pH 值为 5。

（5）冷却样品。

（6）用去离子水或者蒸馏水冲洗锥形瓶内壁并将样品稀释至约 50 mL，加入 10～15 mL 测钙离子用缓冲溶液或足量的 NaOH 溶液，使 pH 值达到 12～13。

（7）加入足量的钙指示剂，若存在钙离子，则会呈现粉红色至酒红色，若指示剂过多，会导致终点不明显。

（8）边摇动锥形瓶边用 EDTA 标准溶液进行滴定，钙指示剂将由红色变为蓝色。继续加入 EDTA 标准溶液时，不再有由红到蓝的颜色变化，即为最恰当的终点。

（9）记录所消耗的 EDTA 标准溶液的体积。

钙离子含量的计算：

$$C_{Ca^{2+}} = 400 \times \frac{V_{EDTA}}{V_f} \tag{3-13}$$

式中：$C_{Ca^{2+}}$——钙离子含量，mg/L；

$\quad\quad V_{EDTA}$——滴定所消耗的 EDTA 标准溶液体积，mL；

$\quad\quad V_f$——滤液的体积，mL。

2. 镁离子含量

从以钙离子计的总硬度中减去钙离子含量可得到滤液样品中的镁离子含量。以钙离子计的镁离子含量乘以系数（原子量的比值），便可转换为镁离子的含量。

镁离子含量的计算：

$$C_{Mg^{2+}} = 0.6 \times \left[C_{Ca^{2+}+Mg^{2+}} - C_{Ca^{2+}} \right] \tag{3-14}$$

式中：$C_{Mg^{2+}}$——镁离子含量，mg/L；

$\quad\quad C_{Ca^{2+}}$——钙离子含量，mg/L；

$\quad\quad C_{Ca^{2+}+Mg^{2+}}$——以钙离子计的总硬度，mg/L。

3. 硫酸钙含量

（1）取 5 mL 钻井液，加入 245 mL 去离子水或蒸馏水，搅拌 15 min

后用低温低压滤失仪过滤，只收集澄清滤液。用移液管取 10 mL 澄清滤液置于 150 mL 的锥形瓶中。

［若滤液无色或颜色较浅，可省略（2）～（5）。］

（2）加入 10 mL 次氯酸钠溶液并混合均匀。

（3）然后加入 1 mL 乙酸并混合均匀。

（4）将锥形瓶中液体煮沸 5 min，在煮沸期间按需加入蒸馏水以保持瓶中液体体积不变。煮沸可除去溶液中过量的氯气。将 pH 试纸浸在样品中可测试氯气是否除尽，如试纸被漂白则需要继续煮沸。充分煮沸过的样品其 pH 值为 5。

（5）冷却样品。

（6）用去离子水或蒸馏水冲洗锥形瓶内壁并将样品稀释至约 50 mL，加入 10～15 mL 测钙离子用缓冲溶液或足量的氢氧化钠溶液，使 pH 值达到 12～13。

（7）加入足量的钙指示剂，若存在钙离子，则会呈现粉红色至酒红色，若指示剂过多，会导致终点不明显。

（8）边摇动锥形瓶边用 EDTA 标准溶液进行滴定，钙指示剂将由红色变为蓝色。继续加入 EDTA 标准溶液时不再有由红到蓝的颜色变化，即为最恰当的终点。

（9）记录所消耗的 EDTA 标准溶液的体积 $V_{EDTA,df}$。

（10）用 EDTA 标准溶液滴定 1 mL 原始钻井液滤液至终点，此时所消耗的 EDTA 以 $V_{EDTA,f}$ 表示，用水、油和固相含量测定中得到的水的体积分数计算钻井液中水的（体积）系数：

$$F_w = \frac{\varphi_w}{100} \qquad\qquad (3-15)$$

式中：F_w——钻井液中水的（体积）系数，以小数表示；

φ_w——钻井液中水的体积与钻井液总体积的比值，以百分数表示。

钻井液中的硫酸钙含量的计算：

$$C_{CaSO_4} = 6.81 V_{EDTA,df} \qquad\qquad (3-16)$$

式中：$V_{EDTA,df}$——钻井液滴定消耗的 EDTA 标准溶液的体积，mL；

C_{CaSO_4}——钻井液中硫酸钙的含量，kg/m^3。

钻井液中未溶解的硫酸钙含量的计算：

$$C_{ex\text{-}CaSO_4} = 6.81 V_{EDTA,df} - 1.36 (V_{EDTA,f} \times F_w) \qquad\qquad (3-17)$$

式中：$C_{ex\text{-}CaSO_4}$——未溶解的硫酸钙含量，kg/m^3；

F_w——钻井液中水的（体积）系数，以小数表示；

$V_{EDTA,df}$——钻井液滴定消耗的 EDTA 标准溶液的体积，mL；

$V_{EDTA,f}$——钻井液滤液滴定消耗的 EDTA 标准溶液的体积，mL。

4. 硫离子含量

该方法可用于测定钻井液中可溶性硫化物（硫化氢、硫离子、硫氢根离子）的含量。在 Garrett 气体分析仪中，先使钻井液滤液酸化，让所有硫化物转变为硫化氢，然后通入样品的惰性载气将其带出。气体分离器从液体样品中分离出气体，并使这种气体通过 Drager 硫化氢分析管，管中的试剂与硫化氢发生反应而沿其长度逐渐变暗，变暗的长度与钻井液滤液中的硫化物含量成正比。

（1）保证各气体分离室清洁干燥，将仪器放置于水平试验台面上，同时取下顶盖。

（2）在第 1 室加入 20 mL 去离子水和 5 滴消泡剂。

（3）根据不同硫化物浓度范围所需样品体积和 Drager 硫化氢分析管类型，选择合适的 Drager 硫化氢分析管，并打碎管两端的尖头部分。

（4）把 Drager 硫化氢分析管插入设置好的插孔，使箭头朝下。然后插入流量计管，使管的顶部标记朝上。保证每支管都用 O 形密封圈密封。

（5）盖上气体分离室的顶盖，所有螺丝用手拧紧并确保 O 形密封圈的密封性。

（6）关闭压力调节器，将载气源和第 1 室内的扩散管用软管连接起来。若使用二氧化碳气弹作为气源，则需要在安装和接通气源后将其连接到扩散管上。

（7）把第 3 室出口和 Drager 硫化氢分析管用软管连接起来。

（8）调整第 1 室的扩散管，使其距底部约 6 mm。

（9）为了清除体系内的空气需缓慢地通入 30 s 的载气。过程中要注意检查是否漏气。关闭载气。

（10）准备足够的无固体的滤液。

（11）用带针头的注射器抽取一定量的无固体的滤液样品，并通过橡胶隔膜注入第 1 室。同时用带针头的注射器抽取 10 mL 的硫酸标准溶液，并通过橡胶隔膜缓慢注入第 1 室。

（12）立刻打开载气，并调节流速，控制在 200～400 mL/min 范围内。

（13）观察 Drager 硫化氢分析管外观的变化情况。在前端开始变模糊之前，观察并记录最大变暗的长度。继续通气使其总的通气时间达 15 min。

（14）在用 Drager 硫化氢分析管做定量分析之前，可在第 3 室的 O 形密封圈下面装一个乙酸铅试纸盘验证是否有硫化物存在。若试纸变黑表明硫化物存在。若存在硫化物，再取一份样品用 Drager 硫化氢分析管做定量分析。

（15）试验完毕后，拆卸软管并把气体分离室的顶盖取下，然后清洗仪器。取下 Drager 硫化氢分析管和流量计，用塞子堵住插孔以保持干燥。各气体分离室用软毛刷、温水和温和的清洁剂清洗干净，各室间通道用清洁刷清洗干净。扩展管冲洗干净后用干燥的气体吹扫，仪器在用去离子水冲洗干净后要将水排干。

硫离子含量的计算：

$$C_{S^{2-}} = \frac{l_{st} \times f}{V_s} \qquad (3-18)$$

式中：$C_{S^{2-}}$——样品中的硫离子含量，mg/L；

V_s——样品的体积，mL；

l_{st}——Drager 硫化氢分析管变紫长度，单位见管上标记；

f——管系数。

5. 碳酸盐含量

该方法可用于测定钻井液滤液中可溶性碳酸盐（二氧化碳、碳酸根离子和碳酸氢根离子）的含量。先将钻井液滤液在 Garrett 气体分析仪中进行酸化，让所有碳酸盐转化为二氧化碳，然后通入样品的惰性载气将其带出。在气体分离器中分离出气体，用一个 1 L 的气袋进行收集（使二氧化碳混合均匀），然后使收集到的气体按照一定的流速通过二氧化碳探测器。管中的试剂与气体中的二氧化碳发生反应而逐渐变紫，变紫的长度与钻井液滤液中的碳酸盐含量成正比。

（1）保证各气体分离室清洁干燥，将仪器放置于水平试验台面上，同时取下顶盖。

（2）在第 1 室加入 20 mL 去离子水。

（3）在第 2 室加入 5 滴消泡剂。

（4）盖上气体分离室的顶盖，所有螺丝用手拧紧并确保 O 形密封圈的密封性。

（5）调整扩散管，使其距底部约 6 mm。

（6）关闭压力调节器，将载气源和第 1 室内的扩散管用软管连接起来。

（7）为了清除体系内的空气需缓慢地通入载气 1 min。要注意检查整个系统是否漏气。

（8）完全压紧气袋，检查气袋系统是否漏气。

（9）待气袋完全压紧后，将旋塞阀和气袋通过软管连接到第 3 室的出口。

（10）用注射器（带针头）取规定量的无固体的滤液样品，并通过橡胶隔膜注入第 1 室。同时用带针头的注射器抽取 10 mL 的硫酸标准溶液，并通过橡胶隔膜缓慢注入第 1 室。

（11）打开气袋上的旋塞阀，重新开始通入载气，在 10 min 内对气袋稳定充气。当触摸气袋坚硬时（小心不要爆裂），关闭气源和旋塞阀，并马上进行下一步操作。

（12）把 Drager 硫化氢分析管两端的尖头敲断。

（13）将第 3 室出口的软管取下，同时将其连接到 Drager 硫化氢分析管的前端，再将 Drager 手动泵连接到 Drager 硫化氢分析管的另一端。

（14）打开气袋上的旋塞阀，并用手平稳地完全压紧手动泵，然后把手从泵上松开，使气体流出气袋进入 Drager 硫化氢分析管。继续操作手动泵并记录压缩次数，直到气袋被完全抽空（压 10 次应能抽空气袋，若多于 10 次则表明漏气，试验结果不准确）。

（15）若气袋中有二氧化碳，则 Drager 硫化氢分析管会出现紫色，按照管上标出的单位记录变为紫色及淡蓝色的长度。

（16）试验完毕后，拆卸软管并把气体分离室的顶盖取下，然后清洗仪器。取下 Drager 硫化氢分析管和流量计，用塞子堵住插孔以保持干燥。各气体分离室用软毛刷、温水和温和的清洁剂清洗干净，各室间通道用清洁刷清洗干净。扩展管冲洗干净后用干燥的气体吹扫，仪器在用去离子水冲洗干净后要将水排干。气袋要定期更换以防止漏气或受到污染（建议气袋使用 10 次后就要更换）。

滤液样品中的可溶性碳酸盐总量的计算：

$$C_{CO_2 + CO_3^{2-} + HCO_3^-} = \frac{l_{st} \times f}{V_s} \qquad (3-19)$$

式中：$C_{CO_2 + CO_3^{2-} + HCO_3^-}$——滤液样品中的可溶性碳酸盐总量，mg/L；

　　　V_s——样品的体积，mL；

　　　l_{st}——Drager 硫化氢分析管变紫长度，单位见管上标记；

　　　f——管系数。

6. 钾离子含量

钾离子含量（浓度高于 5000 mg/L）测定：该方法可以测定钾离子浓度高于 5000 mg/L 时，钻井液滤液中的钾离子含量。在离心管中用高氯酸盐沉淀钾离子后，测定得到的沉淀的体积，从已绘制好的标准曲线上读出钾离子含量。

（1）标准曲线的绘制（不同类型的离心机均应绘制其对应的标准曲线）。

1）用氯化钾标准溶液配备三种浓度的样品。分别取 0.5 mL（相当于 10 kg/m³ 氯化钾溶液）、1.5 mL（相当于 30 kg/m³ 氯化钾溶液）、2.5 mL（相当于 50 kg/m³ 氯化钾溶液）氯化钾标准溶液置 3 支离心管中。

2）用蒸馏水或去离子水将每支离心管中的试样稀释至 7.0 mL 并摇匀。

3）在每支离心管中加入 3.0 mL 的高氯酸钠标准溶液（不要晃动）。

4）将试样放置在转速设置为 1800 r/min 的离心机（图 3-10）中离心 1 min 后立即取出并读出沉淀物的体积。

图 3-10　离心机

5）离心管使用完毕后应立即清洗干净。

6）在直角坐标系中以氯化钾的含量（kg/m³ 为 X_1 轴单位，lb/bbl 为 X_2 轴单位）为横坐标、沉淀物体积为纵坐标绘制标准曲线。

（2）测定步骤。

1）移取规定量的滤液样品于离心管中（参照表 3-2）。

表 3-2　不同氯化钾浓度下所需滤液样品体积

KCl 浓度范围		滤液样品中钾离子浓度（mg/L）	滤液样品体积 V_f（mL）
$C_{KCl,A}$（kg/m³）	$C_{KCl,B}$（lb/bbl）		
$10 < C_{KCl,A} \leqslant 50$	$3.5 < C_{KCl,B} \leqslant 17.5$	$5250 < C_{K^+,A} \leqslant 26250$	7.0
$50 < C_{KCl,A} \leqslant 100$	$17.5 < C_{KCl,B} \leqslant 35.0$	$26250 < C_{K^+,A} \leqslant 52500$	3.5
$100 < C_{KCl,A} \leqslant 200$	$35.0 < C_{KCl,B} \leqslant 70.0$	$52500 < C_{K^+,A} \leqslant 105000$	2.0
$C_{KCl,A} > 200$	$C_{KCl,B} > 70.0$	$C_{K^+,A} > 105000$	1.0

2）若所取样品量少于 7.0 mL，需用去离子水或蒸馏水定容至 7.0 mL 并摇匀。

3）向离心管中加入 3.0 mL 的高氯酸钠标准溶液（不要晃动）。

4）将试样在 1800 r/min 下离心 1 min 并立即取出读出沉淀物的体积。

5）再在离心管中加入 2～3 滴高氯酸钠标准溶液，若仍有沉淀形成，说明没有检测出全部的钾离子。需减少取样体积，重复上述测定步骤，直至加入 2～3 滴高氯酸钠标准溶液后不再产生沉淀为止。

6）将试验测得的沉淀物的体积与绘制的标准曲线做比较，以确定氯化钾的含量。

滤液中的 KCl 含量的计算：

$$C_{f,KCl,A} = \frac{7}{V_f} \times C_{KCl,A} \qquad (3-20)$$

$$C_{f,KCl,B} = \frac{7}{V_f} \times C_{KCl,B} \qquad (3-21)$$

式中：$C_{KCl,A}$——标准曲线 X_1 轴所对应的 KCl 含量，kg/m^3；

$C_{KCl,B}$——标准曲线 X_2 轴所对应的 KCl 含量，lb/bbl；

$C_{f,KCl,A}$——滤液中的 KCl 含量，kg/m^3；

$C_{f,KCl,B}$——滤液中的 KCl 含量，lb/bbl；

V_f——滤液的体积，mL。

滤液中的 K^+ 含量的计算：

$$C_{K^+,A} = 525 \times C_{f,KCl,A} \qquad (3-22)$$

$$C_{K^+,B} = 525 \times C_{f,KCl,B} \qquad (3-23)$$

式中：$C_{f,KCl,A}$——滤液中的 KCl 含量，kg/m^3；

$C_{f,KCl,B}$——滤液中的 KCl 含量，lb/bbl；

$C_{K^+,A}$——滤液中的 K^+ 含量，mg/L；

$C_{K^+,B}$——滤液中的 K^+ 含量，lb/bbl。

（3）钾离子含量（浓度低于 5000 mg/L）测定。

1）用移液管取适量滤液样品于 100 mL 的容量瓶中（参照表3-3）。

表3-3 不同浓度下氯化钾所需滤液取样体积

KCl 浓度范围		滤液样品中钾离子浓度（mg/L）	滤液样品体积 V_f（mL）
$C_{KCl,A}$（kg/m^3）	$C_{KCl,B}$（lb/bbl）		
$0.5 < C_{KCl,A} \leqslant 3.0$	$0.18 < C_{KCl,B} \leqslant 1.05$	$263 < C_{K^+,A} \leqslant 1575$	10.0
$3.0 < C_{KCl,A} \leqslant 6.0$	$1.05 < C_{KCl,B} \leqslant 2.10$	$1575 < C_{K^+,A} \leqslant 3150$	5.0
$6.0 < C_{KCl,A} \leqslant 20.0$	$2.10 < C_{KCl,B} \leqslant 7.00$	$3150 < C_{K^+,A} \leqslant 10500$	2.0

2）取 4 mL 配制好的氢氧化钠溶液和 25 mL 配制好的四苯硼钠标准溶液置于容量瓶中，然后用去离子水或蒸馏水定容至 100 mL。

3）将容量瓶中液体搅拌均匀后静置 10 min。

4）将容量瓶中液体过滤至 100 mL 的烧杯内。若滤液仍浑浊，应再次过滤。

5）用移液管量取 25 mL 上述滤液于 250 mL 的锥形瓶中。

6）在锥形瓶中加入 10～15 滴溴酚蓝指示剂。

7）用配制好的季铵盐标准溶液滴定滤液，当颜色从紫蓝色变为淡蓝色时即为达到滴定终点。

8）记录所消耗的季铵盐标准溶液的体积。

季铵盐与四苯硼钠的浓度比值（$R_{QAS/STPB}$）：

$$R_{QAS/STPB} = \frac{V_{QAS}}{2} \qquad (3-24)$$

式中：V_{QAS}——季铵盐溶液的体积，mL。

若比值在 4.0±0.5 范围内，钾离子含量的计算：

$$C_{K^+,A} = \frac{1000 \times (25 - V_{QAS})}{V_f} \qquad (3-25)$$

式中：$C_{K^+,A}$——滤液中的钾离子含量，mg/L；

V_f——滤液的体积，mL；

V_{QAS}——季铵盐溶液的体积，mL。

若该比值不在 4.0±0.5 范围内，在计算钾离子含量时需要使用校正系数：

$$k_{cor} = \frac{8}{V_{QAS}} \qquad (3-26)$$

如需使用校正系数，则

$$C_{K^+,A} = \frac{1000 \times (25 - k_{cor} \times V_{QAS})}{V_f} \qquad (3-27)$$

十五、油基钻井液化学分析

（一）设备材料、药品

注射器、量筒、移液管、吸耳球、磁力搅拌器、丙二醇正丙基醚（PNP）、酚酞指示剂、0.05 mol/L 的硫酸标准溶液、5 g/100 mL 的铬酸钾指示剂（水溶液）、0.282 mol/L 的硝酸银标准溶液、蒸馏水、钙缓冲溶液、钙指示剂、0.1 mol/L 的 EDTA 标准溶液、1 mol/L 的氢氧化钠溶液等。

（二）准备工作

正确规范地穿戴好劳动保护用品。

（三）开始试验

1. 钻井液碱度

（1）向盛有 100 mL PNP（作为溶剂）的滴定容器中加入 2.0 mL 钻井液，并搅拌使溶液混合均匀。

（2）再向滴定容器中加入 200 mL 蒸馏水（去离子水），并加入 15 滴酚酞指示剂。

（3）将滴定容器放在磁力搅拌器上进行搅拌，用 0.05 mol/L 的硫酸标准溶液滴定至粉红色恰好消失。然后再搅拌 1 min，若粉红色不再出现，则停止搅拌。

（4）样品静置 5 min 后，若粉红色不再出现，则表明已达到滴定终点；如果粉红色继续出现，则使用 0.05 mol/L 的硫酸标准溶液继续滴定；若粉红色继续复现，进行第三次滴定。三次滴定之后，即使粉红色复现，也视为滴定终点。

（5）记录所消耗的 0.05 mol/L 的硫酸标准溶液的体积。

钻井液碱度的计算：

$$Alk_{TOT} = \frac{V_{H_2SO_4}}{V_s} \tag{3-28}$$

式中：Alk_{TOT}——钻井液碱度；

$V_{H_2SO_4}$——滴定消耗的 0.05 mol/L 的硫酸标准溶液的体积，mL；

V_s——钻井液样品体积，mL。

2. 钻井液氯离子含量

（1）执行钻井液碱度中的（1）～（4）测定程序；

（2）向待滴定的混合溶液中加入 10～20 滴或更多的 0.05 mol/L 的硫酸标准溶液，确保溶液呈酸性。

（3）在混合溶液中加入 10～15 滴铬酸钾指示剂。

（4）将混合溶液放在磁力搅拌器上快速搅拌，并用 0.282 mol/L 的硝酸银标准溶液慢慢滴定，直到出现橙红色并稳定保持 1 min 不褪色。

（5）记录所消耗的 0.282 mol/L 的硝酸银标准溶液的体积。

钻井液中氯离子含量的计算：

$$c(\text{Cl}^-)_{\text{TOT}} = \frac{10000 \times V_{\text{AgNO}_3}}{V_{\text{s}}} \qquad (3-29)$$

式中：$c(\text{Cl}^-)_{\text{TOT}}$——钻井液样品的氯离子含量，mg/L；

V_{AgNO_3}——滴定消耗的硝酸银标准溶液的体积，mL；

V_{s}——钻井液样品体积，mL。

3. 钻井液钙离子含量

（1）向盛有 100 mL PNP（作为溶剂）的带盖滴定容器中加入 2.0 mL 钻井液。

（2）盖紧滴定容器的盖子，并用手剧烈摇动 1 min。

（3）再向滴定容器中加入 200 mL 蒸馏水（去离子水），并加入 3.0 mL 钙缓冲溶液。

（4）在混合溶液中加入 0.1~0.25 g 粉状钙指示剂。

（5）重新盖紧滴定容器的盖子，并再次剧烈摇动 2 min。待上、下相分层，若下层出现淡红色，表明有钙离子存在。

（6）将滴定容器放在磁力搅拌器上，并在滴定容器中放一个搅拌子。

（7）启动磁力搅拌器，使下层刚好能搅动而不使上、下两层混合。用 0.1 mol/L 的 EDTA 标准溶液缓慢滴定，当溶液从淡红色变为蓝绿色时，表明达到滴定终点。记录此时所消耗的 EDTA 标准溶液的体积。

钻井液中钙离子含量的计算：

$$c(\text{Ca}^{2+})_{\text{TOT}} = \frac{4000 \times V_{\text{EDTA}}}{V_{\text{s}}} \qquad (3-30)$$

式中：$c(\text{Ca}^{2+})_{\text{TOT}}$——钻井液样品的钙离子含量，mg/L；

V_{EDTA}——滴定消耗的 EDTA 标准溶液的体积，mL；

V_{s}——钻井液样品体积，mL。

第二节　封堵性能评价方法及设备

一、渗透堵漏评价试验

（一）评价标准

渗透堵漏评价试验参照《石油天然气工业　钻井液现场测试　第 1 部分：水基钻井液》（GB/T 16783.1—2014）进行。

（二）设备材料、药品

（1）OFI-PPT 渗透堵漏仪（图 3-11）。

图 3-11　OFI-PPT 渗透堵漏仪

（2）硅脂、润滑脂、液压油、基液（水或油）。

（3）O 形密封圈、滤纸或陶瓷盘。

（4）氮气供给装置。

（三）试验程序

1. 试验准备

（1）测试前，关闭所有阀门，确保将所有调节器逆时针旋转到底。

（2）将加热槽接入 220 V 电源。加热套功率为 800 W。

（3）将调温旋钮转到刻度中间位置开始加热，在温度计槽中插入一金属表盘温度计。当加热槽温度到达设置点时,指示灯会变亮。加热槽温度应该高于所需测试温度6℃,假如没有,应调节调温旋钮。

2. 装载滤失罐

(1) 打开罐体,检查所有O形密封圈,将有磨损或损坏的更换掉。每次进行完温度高于149℃的测试后,通常需要更换新的密封圈。

(2) 在活塞、阀杆和盖体用的所有O形密封圈上涂一薄层润滑脂。

(3) 对于直立罐体,要检查O形密封圈凹槽是否干净。在罐体的凹槽处和盖子上小心地放入O形密封圈。

(4) 找到标有"1N"字样的盖子,使用活动扳手,小心地将盖子旋入罐体内。

(5) 推入调温旋钮下方的红色按钮。倒置罐体,让进口盖朝下放入加热夹套中。

(6) 拧紧入口阀杆(使用快接接头),然后顺时针转动半圈到一圈,打开阀杆。连接好后,阀杆末端快接接头应该是朝下的。

(7) 将液压泵加压软管连接3/4″球阀,快接接头接入进口阀杆。

(8) 将T形柄旋入活塞,并放入罐体内,上下移动,确保能自由活动。

(9) 打开进口阀,顺时针方向转动液压泵上的压力释放按钮以关闭泄压阀。划动液压泵6~8次,注入适量体积的液压油到罐体入口。关闭进口阀。确定罐内液压油体积的最好办法是观察T形柄,当它上升3.81 cm时,就停止。

(10) 从活塞和罐体内取出T形柄。

(11) 往罐体内加入约320 mL测试液体。注意不要将液体倾泻到O形密封圈凹槽处。罐内的液体刻度线应该与O形密封圈凹槽底部齐平。

(12) 将O形密封圈放入罐内的凹槽处,并将准备好的陶瓷盘置于O形密封圈上方。

(13) 找出表面上带有划线的罐体盖子。将盖子旋入测试罐的出口端。

(14) 将出口端阀门用3 mL注射器注满基液(水或油),这样可增加测试的准确性。

(15) 拧紧出口阀杆装置。

(16) 一只手固定住出口阀装置,拉出加热套上的按钮,降低加热套内的罐体。转动罐体,让其固定在加热套底部的定位销上。

(17) 关闭出口阀。在罐体顶部的小孔中插入一支金属表盘温度计。

(18) 将回压接收器置于阀门装置的上方。小心旋转阀门装置。用定位销固定接收器,确保定位销完全插入。关闭接收器上的0.3 cm排出阀。

（19）将氮气加压装置连接至回压接收器的阀杆上，确保定位销插好。

（20）逆时针转动调压阀上的 T 形柄，大约露出 6 圈螺纹。刺穿 CO_2 气弹，提供所需温度下相对应的回压。

（21）当加热到所需温度时，打开进口阀，施加"推荐最小回压"中显示的压力。

3. 开始试验

（1）当罐体达到所需温度后，关闭液压泵上的阀门并打开出口阀。操作泵，增加罐内压力至测试压力。使用泵维持住罐内所需压差。压差为罐内压力减去回压。主压或进口压力不能超过 4000 psi。

（2）记录测试时间，收集滤液记录收集时间达 7.5 min 和 30 min 时滤液（或泥浆）的情况。滤液收集过程中压力可能会减小，因此需要施加额外液压来维持恒压。假如回压在测试过程中上升，应小心地打开接收器上的排放阀来泄压，放掉一些滤液到量筒内。由于滤液的温度与测试温度相接近，所以缓慢地打开排放阀可减少滤液的溅出。

（3）30 min 后，关闭出口阀。打开接收器排放阀，记录下收集到的总的滤液量，包括瞬时滤失的。

（4）顺时针转动调压阀上的 T 形柄，停止给回压接收器施压。

4. 试验完成

（1）逆时针方向转动泵上的泄压阀，给液压泵泄压，直至压力表上读值为 0 psi（至少转动 4 圈）。关闭进口阀，从进口阀装置上取下液压软管和快接接头。只让进口阀装置连接于罐体上。

（2）从回压调节器上取下 CO_2 加压装置。

（3）从出口阀装置上取下回压调节器。

（4）直接等待罐体冷却或者从加热套内取出罐体，用冷水冷却。必须待罐内测试样品温度低于 46.5℃后才能打开罐体。

（5）固定住罐体，不要将进口阀对着人和仪器。按逆时针方向完全转动一圈，缓慢打开出口阀杆，释放掉罐内压力。进口阀也要重复这些步骤，确保罐内压力被完全释放。

（6）用活动扳手取下出口端罐体盖子。取下出口阀装置和罐体盖。往阀门内吹气，检查阀杆是否被堵塞。可以往阀杆内插入金属线、直的别针等，以完全除去障碍物。当插入金属线时，要确保开口没有对准人和设备。

（7）恢复陶瓷盘，使用泥浆中的基液类型（淡水、盐水、柴油、合成基等）轻轻地清洗滤饼。测量滤饼厚度，大约为 0.8 cm。

（8）恢复罐内剩余的液压油：旋入 T 字扳手至罐内活塞上，打开进口阀，并打开液压泵上的压力释放阀，手动推动活塞至罐内底部；关闭液压泵上的压力释放阀及进口阀，从进口阀杆上取下液压泵气管，用 T 形柄取下活塞。

（9）完全拆下罐体，用肥皂和水清洗整个装置，特别是罐体的内部螺纹和盖子上螺纹处。检查所有 O 形密封圈，如有必要则更换新的密封圈。假如使用的是盐水，则要用淡水清洗出口阀杆装置，再次使用前用空气吹干。

5. 试验数据处理

渗透性封堵滤失量的计算：

$$V_{PPT} = 2 \times V_{30} \qquad (3-31)$$

式中：V_{PPT}——渗透性封堵滤失量，mL；

V_{30}——收集时间达 30 min 时收集到的滤液体积，mL。

瞬时滤失量的计算：

$$V_1 = 2 \times (2V_{7.5} - V_{30}) \qquad (3-32)$$

式中：V_1——瞬时滤失量，mL；

$V_{7.5}$——收集时间达 7.5 min 时收集到的滤液体积，mL；

V_{30}——收集时间达 30 min 时收集到的滤液体积，mL。

静滤失速率的计算：

$$\upsilon_{sf} = \frac{2(V_{30} - V_{7.5})}{2.739} \qquad (3-33)$$

式中：υ_{sf}——静滤失速率，mL/min$^{1/2}$；

$V_{7.5}$——收集时间达 7.5 min 时收集到的滤液体积，mL；

V_{30}——收集时间达 30 min 时收集到的滤液体积，mL。

（四）试验实例

钻井液渗透堵漏评价试验（1000 mD 滤板，150℃）结果详见表3-4。

表3-4　钻井液渗透堵漏评价试验（1000 mD 滤板，150℃）结果

配方	渗透性封堵滤失量（mL）
水基钻井液（CNH25-1）	0.6
水基钻井液（CNH25-8）	0.1
油基钻井液	0

二、钻井液砂层侵入度评价试验

可视化钻井液封堵性能测试仪是一种承压钻井液封堵及堵漏材料性能评价装置，能够实现可视化，帮助操作人员直观地观察液体渗透进测试介质的程度，以优化钻井液参数。首先，利用装置下部的 4 个长螺栓将透明承压观察管压紧，形成一个容积空间；其次，在装置上部加入砂子模拟测试介质，砂子需要装满整个可视管，再加入封堵材料浆体，装上装置上部的法兰并紧固，在测试介质上部形成一个密闭空间；最后，通过旋转活塞下移，给钻井液试样浆体施加压力，通过可视管观察钻井液试样浆体渗透进测试介质的程度，若最终封堵材料能够在测试介质顶部形成泥饼，并且稳住压力，则该评价试验成功。

（一）评价标准

目前尚没有建立相关标准用于评价钻井液砂层侵入度。

（二）设备材料、药品

（1）可视化钻井液封堵性能测试仪（图 3—12）。

图 3—12　可视化钻井液封堵性能测试仪

（2）不同目数的石英砂。

（3）O 形密封圈。

（三）试验程序

（1）将带底盖的支撑筒插入底座，逆时针手动旋转底座内六角卡环并拧紧底座螺丝，使支撑筒固定于底座中。

（2）往支撑筒倒入约 220 g 20～40 目的石英砂，将 O 形密封圈装入活塞柱凹槽，将止推轴承放置于顶部台阶处，盖上滑筒并插入滑筒销以固定活塞柱。

（3）顺时针手动旋转滑筒盖使之与支撑筒相连，然后用旋紧杆继续顺时针旋转滑筒以压实砂床，直至滑筒几乎难以转动，静置 2 min。

（4）用旋紧杆逆时针缓慢旋转滑筒，直至支撑筒螺纹显露。向活塞柱顶部的孔缓慢注入钻井液至孔顶螺纹处。将 O 形密封圈装入压力表相应位置后，手动旋入活塞柱顶。

（5）顺时针旋转滑筒至压力表显示为 0.8 MPa，静置 5 min。继续缓慢旋转加压至 5 MPa，持续 25 min 后，观察并记录浆体在测试介质里的侵入深度。

（6）换用 40～60 目的石英砂，重复（1）～（5）的操作测试钻井液侵入度。

第三节　抑制性能评价方法及设备

用于页岩抑制性能评价的试验方法有滚动回收评价试验、膨胀率评价试验、CST 毛细管吸入时间评价试验、表面水化能力评价试验、膨润土容量限评价试验等。

一、滚动回收评价试验

（一）评价标准

滚动回收评价试验参照《钻井液测试　泥页岩理化性能试验方法》（SY/T 5613—2016）进行。

（二）设备材料、药品

（1）高温滚子加热炉（图 3-13）：为达到试验条件一致，所有的测试过程应在同一滚子加热炉中进行，确保试验条件不变。

图3—13 高温滚子加热炉

（2）养护罐：不锈钢材质。

（3）天平：精度为0.01 g。

（4）分样筛：孔径为0.42 mm。

（5）恒温干燥箱（图3—14）：可控温在（105±3）℃。

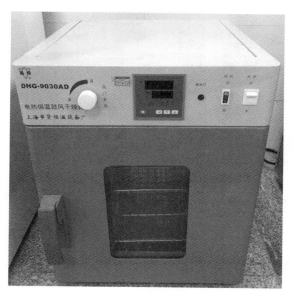

图3—14 恒温干燥箱

（6）干燥器、蒸发皿、称量瓶等。

（三）试验程序

1. 开始试验

（1）测定初始岩心颗粒水分：称取 20 g（精确至 0.01 g）岩心颗粒样品（m）放入烘干至恒重的称量瓶（m_1）中，随后将称量瓶放进温度为 $(105\pm3)℃$ 的恒温干燥箱中烘至恒重。再将称量瓶置于干燥器中冷却 30 min，测定质量（m_2）。

（2）量取 350 mL 钻井液置于养护罐中，称取 (50.0 ± 0.1)g 制备的岩心颗粒或钻屑颗粒样品放入养护罐中。

（3）将盖紧的养护罐放入已预热至 $(80\pm3)℃$ 的高温滚子加热炉中，滚动加热 16 h。

（4）在滚动达到预定时间和养护罐冷却至安全操作温度后，将养护罐中的样品全部转移到分样筛上（孔径为 0.42 mm）。在盛有自来水的水槽中以湿式筛清洗样品，中间更换自来水，直到自来水清澈为止。然后将清洗过的样品移到已烘至恒重的蒸发皿中，并将其中多余的水分缓慢倒出。

（5）将盛有样品的蒸发皿放入设定为 $(105\pm3)℃$ 的恒温干燥箱中烘干至恒重（精确至 0.1 g）。将装有样品的蒸发皿放进干燥器中冷却至室温，然后称总重。在试验中要进行平行（3～4 次）测定，取测定结果的平均值作为最终结果。

2. 试验数据处理

初始岩心颗粒含水量的计算：

$$\omega = \frac{m-(m_2-m_1)}{m} \times 100\% \qquad (3-34)$$

式中：ω——初始岩心颗粒含水量，%；

　　　m——初始岩心颗粒的质量，g；

　　　m_1——空的干燥至恒重的称量瓶的质量，g；

　　　m_2——干燥至恒重后称量瓶和岩心颗粒的质量，g。

滚动回收率的计算：

$$R = \frac{m_3}{50 \times (1-\omega)} \times 100\% \qquad (3-35)$$

式中：R——孔径为 0.42 mm 的页岩的滚动回收率，%；

　　　ω——初始岩心颗粒含水量，%；

　　　m_3——孔径为 0.42 mm 的筛余物，g。

（四）试验实例

钻井液滚动回收评价试验结果详见表3—5。

表3—5　钻井液滚动回收评价试验结果

序号	井号	温度	岩屑	滚动回收率
1	CNH5—4	90℃	松林露头泥页岩	98.8%
2	CNH7—6	90℃	松林露头泥页岩	96.0%
3	Z202	90℃	松林露头泥页岩	97.6%
4	W206H1—1	90℃	松林露头泥页岩	96.8%
5	W204H11—2	90℃	松林露头泥页岩	97.5%
6	W204H10—4	90℃	松林露头泥页岩	98.6%
7	蒸馏水空白	90℃	松林露头泥页岩	24.5%

二、膨胀率评价试验

（一）评价标准

页岩的膨胀率评价试验参照《钻井液测试　泥页岩理化性能试验方法》（SY/T 5613—2016）进行。

（二）设备材料、药品

（1）OFITE 150—80—1型泥页岩动态膨胀测试仪（图3—15）：包括电脑主机、数据处理软件和压力机全套设备。

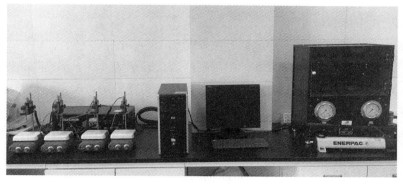

图3—15　OFITE 150—80—1型泥页岩动态膨胀测试仪

（2）天平：精度为 0.01 g。

（3）试验用钠膨润土。

（4）注射器。

（三）试验程序

1. 试验准备

使用液压机将待测样品制备成薄片状，以便膨胀可以被测量。由于使用的是密闭的高压容器，操作员和附近的其他人员要特别注意操作安全。液压机可以在同一时间制作两个样品，不需要电源，放置范围较宽。

（1）将接收器的闭口尾端对应安装到腔体的大开口尾端。翻转过来，称取（10±0.01）g 粉状样品放入腔体的小口中，将 14 mm 的隔环插入腔体，放在样品上面。将活塞置于隔环上，确保腔体上部大的膨胀端是 6～10 mm，腔体装配准备完毕。

（2）快速将手动液压泵连接到液压机上。将装配好的制样室用活塞置于单独的基架上，关闭树脂玻璃门，液压在同一时间仅用于一个制样室。打开液压机面板上的一个旋钮到"ON"位置。

（3）顺时针旋转手泵上的阀，关闭阀。手泵把柄将给液压机提供压力。基架底部和制样室开始上升。观察液压机上部的压力计，持续加压直到试验所需压力。一旦压力达到所需值，关闭液压机上部的旋钮到"OFF"位置，并保持这个压力。典型的压紧状态为 6000 psi 下持续 30 min，这依操作员和测试材料的变化而有所不同。

（4）在对第一个制样室适当加压后，可以打开第二个制样室上部的阀开始对第二个制样室加压，继续上面的步骤。第二个制样室的压力可以和第一个制样室的压力不一样。

2. 开始试验

（1）打开膨胀测试仪的电源开关，预热 15 min。

（2）打开膨胀测试仪软件，将所有的测试频道清零。

（3）将装好样心的测筒安装到主机的两根连杆中间，放正。把测杆放入测筒内，使之与样心紧密接触，在测杆上端插入传感器中心杆。

（4）向样杯注入 180 mL 测试流体，通过样杯杯面上的孔将热电偶插入流体。打开（左旋钮）磁力搅拌器，加热测试流体达设定的试验温度，打开右旋钮，读取软件上"Temp"区域的温度。

（5）膨胀测试仪工作 16 h 后，关闭电源，拆下测筒、测杆、传感器等所有配件并清洗干净，收存备用。

3. 试验数据处理

膨胀测试仪软件会自动记录位移、温度、时间等原始数据，自动计算线膨胀率。

泥页岩膨胀率的计算：

$$E = \frac{h_t - h_0}{h_0} \times 100\% \tag{3-36}$$

式中：E——膨胀率，%；

h_t——测试样品在 t 时刻的高度，mm；

h_0——测试样品的初始高度，mm。

（四）试验实例

页岩膨胀率评价试验结果详见表 3-6。

表 3-6　页岩膨胀率评价试验结果

序号	井号	膨胀率	试验温度
1	CNH5-4	50%	90℃
2	CNH7-6	0	90℃
3	CNH25-9	3.4%	90℃
4	CNH7-2	4.1%	90℃
5	W206H1-1	31%	90℃
6	W204H11-2	14%	90℃
7	W204H10-4	9%	90℃

三、CST 毛细管吸入时间评价试验

（一）评价标准

目前行业尚没有建立用 CST 毛细管吸入时间测试仪开展页岩膨胀性试验的相关标准。引用标准：《岩心分析方法》（GB/T 29172—2012）、《泥页岩理化性能试验方法》（SY/T 5613—2016）、《石油天然气工业　钻井液现场测试　第 1 部分：水基钻井液》（GB/T 16783.1—2014）。笔者根据调研文献资料和相关标准，编制了用 CST 毛细管吸入时间测试仪开展页岩气井钻井液的抑制性能试验方法。

（二）设备材料、药品

（1）毛细管吸收时间测定仪（图 3—16）。

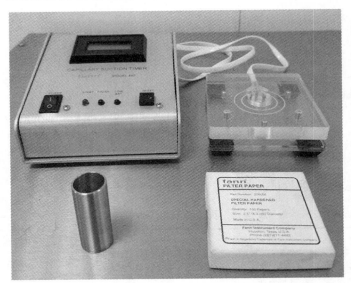

图 3—16　毛细管吸收时间测定仪

（2）恒速搅拌仪。

（3）天平：精度为 0.01 g。

（4）秒表。

（5）100 mL 量筒。

（6）CST 标准滤纸（♯294—01）。

（7）去离子水或蒸馏水。

（三）试验程序

1. 试验准备

（1）岩样采集。

页岩试样选用岩心或钻屑，且必须清楚标明，并标明采样的构造、层位、井号、井深和采样时间。

（2）岩样清洗。

在进行岩样加工之前，应清除岩样中的全部流体残留，一般通过冲洗、驱替或与各种溶剂接触来除去烃类、水和盐。具体岩样清洗按照《岩心分析方法》（GB/T 29172—2012）介绍的清洗要求执行。

（3）岩样烘干。

为保证岩样中黏土性质不发生变化，烘干条件应按照《岩心分析方法》（GB/T 29172—2012）执行。岩样制作好超过一周时间的，试验前需再次烘干，烘干时间不少于 4 小时。

（4）岩样加工。

将烘干的岩样粉碎，用孔径为 3350 μm（6 目）和 2000 μm（10 目）的双层标准筛筛析。收集通过孔径为 3350 μm（6 目）标准筛，但未通过孔径为 2000 μm（10 目）标准筛的岩心颗粒，存于广口瓶中备用，若需长期保存须按照《岩心分析方法》（GB/T 29172—2012）中介绍的方法进行保存。将岩心颗粒进一步粉碎制取岩粉，收集通过孔径为 150 μm（100 目）的岩粉，存于广口瓶中备用，若需长期保存须按照《岩心分析方法》（GB/T 29172—2012）中介绍的方法进行保存。在制样过程中，应确保制样器具的清洁，避免外来物质对岩样的污染。

（5）钻井液采集。

选用新配钻井液或现场循环钻井液。使用的钻井液样品必须标明是新配制的还是现场取样的，新配制的钻井液须标明配浆时间，现场取样的钻井液须标明采样的层位、井号、井深和采样时间。

（6）滤液压制。

根据《石油天然气工业 钻井液现场测试 第 1 部分：水基钻井液》（GB/T 16783.1—2014）中常温中压滤失量的方法对钻井液样品进行压滤，可以使用快速滤纸以提高滤失速度。制备不少于 150 mL 的钻井液滤液于广口瓶中密封保存。在制备滤液过程中，应确保器具清洁，避免外来物质对滤液污染。

2. 开始试验

（1）制取 15 g 的岩粉试样若干份。

（2）连接设备，接通电源，测试前确保测试电极洁净干燥。在测试台底座放一张滤纸（CST 标准滤纸♯294－01），将带电极的测试板放在测试台底座上，使电极与 CST 标准滤纸充分接触。将圆柱漏斗（直径 1.8 cm）插入带电极的测试板，并轻微用力向下旋转，确保漏斗与滤纸充分接触。

（3）制备岩粉浆液，将一份岩粉试样倒入恒速搅拌仪，量取 100 mL 待测工作液（表 3－7）与之混合，在 5700 r/min 的速度下剪切 20 s。使用针筒或移液管量取 3 mL 浆液注入毛细管吸收时间测定仪圆柱漏斗中，剩余浆液在 200～300 r/min 的速度下进行慢速搅拌。测定并记录 CST 值。

（4）将剩余浆液在 5700 r/min 的速度下，再剪切 60 s 按以上步骤测定其 CST 值，而后再将剩余浆液在相同条件下继续剪切 120 s 测试 CST 值。相同岩粉试样及工作液应至少进行三组试验，且在相同剪切时间下各组试验测得的 CST 值偏差不应超过 10%，否则应增加试验组数。

3. 试验数据处理

线性回归分析——用 20 s、60 s、120 s 作为 x 值，对应的 CST 值为 y 值，绘制关系曲线，并得出线性回归方程：

$$y = mx + b \qquad\qquad (3-37)$$

式中：y——CST 值，s；

m——斜率，表示岩样在工作液中的分散速度；

x——剪切时间，s；

b——纵截距，表示瞬时分散的胶体粒子量（初分散）。

说明：

（1）CST 试验结果影响因素很多，同一时间段（6 h 内）的测试结果具有可比性。

（2）岩样及工作液新鲜度一致的试验结果具有可比性。

（3）试验温度是影响 CST 试验结果的重要因素，试验过程中要尽量保证实验室内温度在一个恒定范围内（温度变化小于 3℃）。

（4）黏稠液体的试验结果不具有参考价值。

CST 比值作为敏感程度的评价指标，按式（3-38）进行计算，

$$C = \frac{b_w}{b_k} \qquad\qquad (3-38)$$

式中：C——CST 比值；

b_w——试验工作液的 b 值；

b_k——2%（质量分数）KCl 溶液的 b 值。

（四）试验实例

钻井液 CST 毛细管吸入时间评价试验结果详见表 3-7。

表 3-7 钻井液 CST 毛细管吸入时间评价试验结果

岩样	工作液	y			m	b	C
		20 s	60 s	120 s			
龙马溪组岩样（3645.90～3646.13 m）	2%KCl 溶液	37.300	33.800	40.333	0.1286	25.235	1.00
	蒸馏水	43.150	55.193	62.600	0.1889	41.055	1.63
	Z202	118.116	208.883	248.400	1.2520	108.340	4.29
	CNH5-4	116.017	226.351	296.475	1.7340	95.868	3.80
	CNH7-6	95.000	143.967	164.300	0.6650	90.086	3.57
	W206H1-1	122.357	218.552	259.369	1.3157	112.380	2.74
	W204H11-2	111.334	198.355	277.002	1.6294	86.939	2.12
	W204H10-4	97.117	148.252	169.360	0.6932	92.032	2.41

四、表面水化能力评价试验

（一）评价标准

目前尚没有建立相关标准用于评价页岩表面水化能力。

（二）设备材料、药品

X 射线衍射仪、碱式滴定管、碘量瓶、恒温水浴锅等。

（三）试验程序

1. 开始试验

（1）标准黏土样品的选择：可选钠蒙脱土、伊利石、高岭土等。最好选用钠蒙脱土作标准土。测定此钠蒙脱土的 CEC 值。

（2）用 X 射线衍射仪测定干黏土样品的 d_{001} 值。

（3）在干燥洁净的碘量瓶中加入 1.00 g 的干钠蒙脱土，加入 50.00 mL 钻井液，再放入一个磁子，旋紧瓶塞。将此碘量瓶放入 30℃的恒温水浴锅中，搅拌 24 h 后取出，以 5000 r/min 的转速离心 20 min。收集沉淀黏土。

（4）用 X 射线衍射仪测定各沉淀黏土的 d_{001} 值。

2. 试验数据处理

绘制钻井液与黏土 d_{001} 值的对应关系曲线，对此曲线做如下分析：

（1）钻井液与黏土接触后，黏土的 d_{001} 值增大。

（2）此时的黏土样品 d_{001} 值与干黏土样品 d_{001} 值的差值为 Δd_{001}。

（3）Δd_{001} 越小，则抑制剂抑制能力越强。

（四）试验实例

钻井液表面水化能力评价试验结果详见表3-8。

表3-8　钻井液表面水化能力评价试验结果

测试液体	2θ（°）	d_{001}（nm）	Δd_{001}（nm）
干蒙脱土	8.732	1.011	0
CNH7-6	4.864	1.815	0.561
Z202	5.643	1.565	0.554
CNH5-4	5.616	1.572	0.557
CNH25-9	5.633	1.568	0.804
CNH7-2	4.648	1.900	0.889
W206H1-1	4.945	1.633	0.622
W204H11-2	4.731	1.501	0.490
W204H10-4	4.552	1.435	0.424

五、膨润土容量限评价试验

（一）评价标准

膨润土容量限评价试验参照《水基钻井液抑制性和抗盐、抗钙污染性评价方法》（Q/SY 1408—2011）进行。

（二）设备材料、药品

高速搅拌器、马氏漏斗、试验用钠基膨润土等。

（三）试验程序

（1）取一份钻井液用高速搅拌器搅拌（5±0.5)min 后，按照《石油天然气工业　钻井液现场测试　第1部分：水基钻井液》（GB/T 16783.1—2014）的要求测定其漏斗黏度。

（2）取四份相同体积的钻井液，按照体积百分比加入不同量的钠基膨润土，高速搅拌（20±0.5)min，中间至少停下两次刮掉黏附在杯壁上的膨润土。

（3）将搅拌后的待测样品放入密闭容器中，在（25±3)℃（可根据现场需要，选择不同温度点进行 16 h 滚动）下养护 24 h，然后按照《石油天然气工业　钻井液现场测试　第 1 部分：水基钻井液》（GB/T 16783.1—2014）的要求测定其漏斗黏度。

（4）在直角坐标系中作漏斗黏度上升率对膨润土加量的曲线，可将黏度上升率为 30％时所对应的膨润土加量视为钻井液的抑制能力最大容量限。

第四节　润滑性能评价方法及设备

一、黏附系数评价试验

（一）评价标准

黏附系数评价试验参照《钻井液用液体润滑剂技术规范》（Q/SY 17088—2016）进行。

（二）设备材料、药品

（1）OFI 黏附系数测定仪（图 3—17）。

图 3—17　OFI 黏附系数测定仪

（2）钻井液测试专用滤纸、O形密封圈等。

（3）氮气装置。

（三）试验程序

1．开始试验

（1）定时滤失试验。

1）测试前确保仪器是干净干燥的。

2）打开测试腔，将腔体翻过来取下内盖，并用提供的扳手取下两个内六角螺钉。

3）检查内盖底部的O形密封圈，如有磨损或损坏要及时更换。

4）在内盖的筛网上放一张滤纸。在滤纸上放置橡胶垫片，然后放上塑料环。固定网眼盘可用来将滤饼固定在滤纸上，这样滤饼就不会黏住扭矩碟表面，也不会从滤纸上掉落。如选择使用固定网眼盘，需将其放在滤纸的上面、橡胶垫片的下面。

5）将扣环旋到滤纸和橡胶垫片的上面。一定要保持橡胶垫片居中。

6）将内盖放回测试腔。确保O形密封圈座刚好在内盖的下方。

7）将腔体倒过来，用两个内六角螺钉将内盖固定住。

8）用提供的扳手将扣环固定紧。

9）检查阀杆上的O形密封圈，如有磨损或损坏要及时更换。将一阀杆旋进测试腔底部的孔中并固定紧。

10）将腔体放到支架上要确保底部的四个孔与支架上的尖顶相吻合。

11）将样品倒进测试腔至刻度线。

12）将扭矩碟杆尽量插入腔体盖上的孔中。碟的表面应该朝向腔体的内部，小心勿切割O形密封圈。

13）将测试腔盖旋上。要确保O形密封圈在腔体盖上的凹槽里。

14）用提供的活动扳手将腔体盖固定紧。为了增加杠杆作用，要将杠杆臂水平置于两个支柱间。当腔体盖固定紧后，旋转腔体，让阀杆孔位置远离支撑支架，这样可为扭矩杠杆提供更多的空间。

15）将另一个阀杆旋进盖上的孔中，并固定紧。

16）将氮气装置接到顶部的阀杆上，并用定位销将其固定住。

17）旋开（逆时针旋转）调压器上的T形螺钉。

18）从调压器上取下桶状物，将氮气套筒放入桶状物中并将桶状物固定于刺头上，直到刺穿套筒。

19）旋紧（顺时针旋转）调压器上的T形螺钉，直到仪表读数为

477.5 psi 时止。

20）在测试腔下面放一个 25 mL 量筒，并逆时针旋转 1/4 圈，打开下面的阀杆。

21）通过向上转或拉尽量使扭矩碟向上。

22）打开顶部阀杆 1/4 圈，开始滤失，记录下此刻时间。

23）继续滤失 10 min，或达到所要的滤失体积为止。假如轴轭正在使用中，则滤失直到所需的泥饼厚度［通常是 2/32″（1.6 cm）］为止。

24）对齐杠杆上的凹槽，在圆柱顶部十字支撑的下面，并将扭矩碟压入腔体里面。始终保持扭矩碟下降到筛网直到压力补偿足够让碟黏附。这通常需要 2 min 左右的时间，给杠杆的末端施加 50~80 磅（23~36 kg）的力。

25）记录下滤失体积。

26）让扭矩碟在向下的位置黏附 10 min。

27）移除杠杆并使用牙槽附上扭力扳手。将扭力扳手和牙槽固定在扭力碟阀杆的六面体顶部。将圆柱之间的杠杆楔入腔体平台的上面，这样可作反扭矩杠杆之用。

28）用扭矩扳手任意方向的旋转扭矩碟来测量扭矩。观察刻度盘读数。

29）重复测试扭矩 3~6 次，每次测试允许间隔为 20 s。记录下每次读数。

30）计算平均扭矩读数并记录下碟的黏附时间。

（2）固定泥饼厚度试验。

1）测试前要确保仪器是干净且干燥的。

2）打开测试腔，将腔体翻过来取下内盖，并用提供的扳手取下两个内六角螺钉。

3）检查内盖底部的 O 形密封圈，如有磨损或损坏要及时更换。

4）在内盖的筛网上放一张滤纸。滤纸上放置橡胶垫片，然后是塑料环。固定网眼盘可用来将滤饼固定在滤纸上，这样滤饼就不会黏住扭矩碟表面，也不会从滤纸上掉落。如选择使用固定网眼盘，需将其放在滤纸的上面、橡胶垫片的下面。

5）将扣环旋到滤纸和橡胶垫片的上面。一定要保持橡胶垫片居中。

6）将内盖放回测试腔。确保 O 形密封圈座刚好在内盖的下方。

7）将腔体倒过来，用两个内六角螺钉将内盖固定住。

8）用提供的扳手将扣环固定紧。

9）检查阀杆上的 O 形密封圈，如有磨损或损坏要及时更换。将一个阀杆旋进测试腔底部的孔中并固定紧。

10）将腔体放到支架上。要确保底部的 4 个孔与支架上的尖顶相吻合。

11）将样品倒进测试腔至刻度线。

12）将扭矩碟杆尽量插入腔体盖上的孔中。碟的表面应该朝向腔体的内部，小心勿切割 O 形密封圈。

13）将测试腔盖旋上。要确保 O 形密封圈在腔体盖上的凹槽里。

14）用提供的活动扳手将腔体盖固定紧。为了增加杠杆作用，要将杠杆臂水平置于两个支柱间。当腔体盖固定紧后，旋转腔体，让阀杆孔位置远离支撑支架，这样可为扭矩杠杆提供更多空间。

15）将另一个阀杆旋进盖上的孔中，并固定紧。

16）将氮气装置接到顶部的阀杆上，并用定位销将其固定住。

17）旋开（逆时针旋转）调压器上的 T 形螺钉。

18）从调压器上取下桶状物，将氮气套筒放入桶状物中并将桶状物固定于刺头上，直到刺穿套筒。

19）旋紧（顺时针旋转）调压器上的 T 形螺钉，直到仪表读数为 477.5 psi 时止。

20）在测试腔下面放一个 25 mL 量筒，并逆时针旋转 1/4 圈，打开下面的阀杆。

21）通过向上转或拉尽量使扭矩碟向上。

22）打开顶部阀杆 1/4 圈，开始滤失，记录下此刻时间。

23）继续滤失 10 min，或达到所要的滤失体积为止。假如轴轭正在使用中，则滤失直到所需的泥饼厚度［通常是 2/32″（1.6 cm）］为止。

24）对齐杠杆上的凹槽，在圆柱顶部十字支撑的下面，并将扭矩碟压入腔体里面。始终保持扭矩碟下降到筛网直到压力补偿足够让碟黏附。这通常需要 2 min 左右的时间，给杠杆的末端施加 50~80 磅（23~36 kg）的力。

25）记录下滤失体积。

26）让扭矩碟在向下的位置黏附 10 min。

27）移除杠杆并使用牙槽附上扭力扳手。将扭力扳手和牙槽固定在扭力碟阀杆的六面体顶部。将圆柱之间的杠杆楔入腔体平台的上面，这样可作反扭矩杠杆之用。

28）用扭矩扳手任意方向的旋转扭矩碟来测量扭矩。观察刻度盘读数。

29）重复测试扭矩 3~6 次，每次测试允许间隔为 20 s。记录下每次读数。

30）计算平均扭矩读数并记录下碟的黏附时间。

31）通过将轭体边上的两个固定螺钉安装到腔体盖边上的孔内，来安装轭状装置。用手拧紧这些螺钉。

32）将 T 形螺钉的阀杆安装于扭矩碟阀杆之上。对齐 T 形螺钉阀杆上的孔与扭矩碟阀杆上的孔。在孔中插入定位销并将其固定住。

33）转动 T 形螺钉直到扭矩碟接触到滤纸为止。再转回 T 形螺钉，让扭矩碟表面与滤纸之间达到一定的距离。T 形螺钉的一转使扭矩碟上升1/32″（0.8 cm）。

34）打开顶部阀杆并记录下开始测试的时间。

35）滤失到碟被卡住为止。当听到"滴答"声就表明碟被卡住了。这表明插销已绑定在正确的位置上，因为碟正黏附着。黏附时间根据样品建立的泥饼性能而有所变化。

36）假如使用的是平坦扭矩碟，当碟卡住后立即读取扭矩值。

37）假如使用球形扭矩碟，泥饼建立的时间需反复试验确定。泥饼应该一直到碟的边缘，而非环绕着。等待后，读取扭矩值。

38）作为一种替代方法，可以给测试限定一个时间，在这个时间的末端，测量球形扭矩碟上被卡的泥饼的面积。如果半径等于 1 in，记录下平均边缘高度以便后面计算之用。

2. 完成试验

（1）逆时针旋转调压器上的 T 把，直到压力表读数显示为零。当 T 把松后，打开排气阀。

（2）旋开氮气装置上的桶状物，并移开空套筒。

（3）从测试腔上拆下扭力扳手和牙槽。

（4）从顶部阀杆上移开氮气加压装置。

（5）缓慢打开阀杆，释放测试腔内残留的压力。

（6）假如使用了轴轭，则要旋开插销将其从腔盖上取下。

（7）移开腔盖。假如扭矩碟仍在腔盖上，要使用阀杆小心推动它通过盖子。

（8）放空测试腔。

（9）从扭矩碟边缘轻缓地清洗样品。

（10）注意扭矩碟上凹孔的直径。假如直径小于 2 in 或泥饼黏附在扭矩碟的边缘，要估计泥饼的边缘高度；假如泥饼卡在扭矩碟上而非滤纸上，这个测试是无效的。用锁定筛网重复测试。

（11）用固定扳手旋开扣环。移开滑环和垫片。移开锁定筛网、滤纸、滤饼。查看滤饼是否达到要求，并记录下所有观察到的情况。

（12）从支架上取下腔体，彻底清洗所有部件。擦亮标注了"腐蚀"的表面。

（13）检查所有的 O 形密封圈是否损坏或磨损，如有请及时更换。用润滑脂润滑所有的 O 形密封圈。

3. 试验数据处理

黏附系数的计算：

$$f = M \times 0.845 \times 10^{-2} \qquad (3-39)$$

式中：f——黏附系数；

M——扭矩仪的读值（0~30 N·m）。

（四）试验实例

钻井液黏附系数评价试验结果详见表 3-9。

表 3-9　钻井液黏附系数评价试验结果

序号	井号	高温高压黏附系数	常温常压黏附系数
1	CN13-6	0.803	0.0612
2	CNH26-5	0.592	0.0175
3	CNH5-4	0.803	0.0612
4	CNH7-6	0.718	0.0349
5	CNH5-2	0.592	0.0175
6	CNH5-3	0.803	0.0612
7	CNH5-6	0.592	0.0175
8	CNH5-5	0.744	0.0437
9	W206H1-1	0.462	0.1051
10	W204H11-2	0.268	0.0600
11	W204H10-4	0.215	0.0400

二、常温常压极压润滑评价试验

（一）评价标准

常温常压极压润滑评价试验参照《钻井液用液体润滑剂技术规范》（Q/SY 17088—2016）进行。

（二）设备材料、药品

OFI 极压润滑仪（图 3-18）、丙酮、蒸馏水、扭矩扳手等工具。

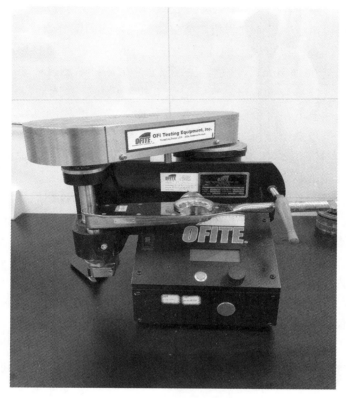

图 3-18　OFI 极压润滑仪

（三）试验程序

1. 开始试验

（1）用丙酮清洁润滑测试环和润滑测试块，并用蒸馏水冲洗干净。测试前，与样品有接触的所有仪器部件都要清洗干净。

（2）将润滑测试环安装于主轴的变截面段。使用扳手将测试环螺母固定紧。确保测试环与轴的锥形部位正好吻合。

（3）打开电源让仪器运行约 15 min。

（4）固定润滑测试块，使凹面朝外，与测试环对齐。

（5）旋转转速控制钮，直到转速显示为 60 r/min。

（6）运行 15 min 后，旋转扭矩调零按钮，让其显示为零。如有必要，再运行约 5 min，重新调零。

（7）将蒸馏水（260～280 mL）倒入不锈钢样品杯，并将其置于下面的杯座上。升起杯座，让测试环、测试块、测试块支架完全浸没在水中。拧紧螺钉固定好杯座。

（8）定位扭矩臂，使其与扭矩臂夹钳的内部凹面部分吻合。顺时针转动扭矩调节柄，直到扭矩表上的读数达 150 inch-pound 时止。如有必要，重新调整转速至 60 r/min。（注意：没浸没水中时不能对测试环施加扭矩。）

（9）让仪器运行 5 min，然后记录下扭矩读数。其读数应该在 32～36 之间。假如数值不在这个范围内，参考后面的"标准化测试块"部分。否则，进行下一步操作。

（10）逆时针旋转扭矩调整柄直到扭矩为零。降低杯座倒掉液体，擦干净样品杯、测试块、测试块支架和测试环上残余的液体。

（11）搅拌测试液体（260～280 mL）至少 10 min，然后将其倒入不锈钢样品杯。将样品杯置于杯座上，并升起杯座，直至测试环、测试块支架充分浸没于液体中。拧紧指旋螺钉固定好杯座。

（12）调节转速控制钮，让转速显示为 60 r/min。调节扭矩调零按钮，让其显示为零。如有必要再运行约 5 min，重新调零。

（13）顺时针转动扭矩调节柄，直到测试块上的扭矩达 150 inch-pound 时止。让仪器运行 3～5 min。

（14）仪器运行 3～5 min 后，记录下扭矩读数并卸下臂部的扭力。

为了保证测试结果的准确性，应对仪器做适当调节。调节测试或标准测试（EP 测试试验）的步骤：

（1）用丙酮清洁极压测试环和极压测试块，并用蒸馏水彻底冲洗。测试前，与样品有接触的所有仪器部件都要清洗。勿赤手触摸金属接触面。

（2）将极压测试环安装于主轴的变截面段。使用 15/16″的扳手将测试环螺母固定紧。确保测试环与轴的锥形部位正好吻合。

（3）打开电源让仪器运行约 15 min。

（4）将极压测试块固定于支架上。

（5）调节转速控制钮，直到转速显示为（1000±100）r/min。

（6）旋转扭矩调零按钮，让其值显示为零。

（7）在 1000 r/min 下运行仪器约 3 min，或者直到扭矩零值稳定和没有明显的漂移为止。如有必要，重新调零。

（8）定位扭矩臂，使其与扭矩臂夹钳的内部凹面部分吻合。

（9）将测试液（260～280 mL）倒入不锈钢样品杯，然后将样品杯置于下面的杯座上。升起杯座，直至测试环、测试块、测试块支架浸没于测试液中。拧紧螺钉，固定好杯座。

（10）顺时针转动扭矩调节柄，扭矩会以每秒不到 5 inch-pound 的速率上升，直到扭矩表上的读数达到所需扭矩值为止，或直到"咬住"出现为止。这里的"咬住"定义为测试环与测试块的表面之间金属与金属接触间的撕裂和磨损（压痕）。假如出现"咬住"，应快速卸掉负载。由于测试环与测试块间的极度摩擦，液体温度会升高，可能会达到沸点。这表明在测试条件下，液体或钻井液极压润滑能力被完全破坏。"咬住"的发生可通过扭矩值的快速增大来判定，也可能是先急剧、大幅度增大，而后又恢复正常。此类"咬住"通常发生在相对较低的扭矩读值情况下或测试高粗糙的钻井液或高固相钻井液的过程中。"咬住"出现时仪器也伴随出现刺耳的声音。"咬住"出现后，测试块的磨损面会非常大，而且粗糙带划痕。

（11）重复步骤（1）～（10），直到获得"合格"为止。可通过以下两种情况之一来鉴别是否"合格"：

1）恒定负载下运行 5 min，期间，扭矩表读数维持基本稳定并且磨损面小而光滑。

2）5 min 运行期间，扭矩读数有中度偏转，磨损面是中度的，可能是光滑的也可能是阴暗的，这取决于样品的研磨性如何。

测试块拆卸和清洗完毕后，要检查是否存在磨损。可用放大镜观察测试环留在测试块上的划痕。假如划痕是矩形的，测试块与固定器是恰当对齐吻合的，则说明测试已经完成；假如划痕是三角形或不规则四边形，说明没对齐，应该纠正。

假如发生了"咬住"现象，应记录下最小负载（扭矩表读值），以 inch-pound 为单位；并记录下平均扭矩，以 pound 为单位。

假如测试"合格"或测试 5 min 后没发生"咬住"现象，则应记录下如下数据：负载（扭矩表读值），以 inch-pound 为单位；划痕宽度，以 inch 为单位；膜强度，以 psi 为单位；平均电流值（以 pound 为单位的扭矩表值除以 10），以 A 为单位。

（12）关闭电源，降低杯座，并向上和向外转动扭矩臂夹钳。向后旋转扭矩臂，使得测试块可取下。取下测试块，并用蒸馏水彻底冲洗。取下样品杯，并倒掉杯里的测试液体。取下螺母和测试环，用丙酮、蒸馏水和刷子清洗整个测试区域，包括测试环、测试块和固定器。最后保持整个装置是干净和干燥的，长期不用时需给所有部件涂一层凡士林。

2. 试验数据处理

（1）用分度值为 0.005″（0.0127 cm）的放大镜测量测试块上的划痕长度。将放大镜放于划痕的中心，与其边缘平行，这样可测得划痕的平均宽度。以英寸为单位记录下测量值。

（2）计算测试块上的压力。

首先计算测试块上划痕的总面积，即用长度（inch）乘以划痕的宽度（inch）。假如测量的是不规则四边形，则用长度（inch）乘以划痕的平均宽度（inch）。

当发生"合格"时，将扭矩表读值除以 1.5（扭矩臂的行进距离），即为作用在划痕区域上的力值。

当测试停止时，力值除以划痕面积即为测试块上的压力值。这个压力就是钻井液的膜强度，计算公式如下：

$$P = \frac{T}{1.5 \times L \times W} \tag{3-40}$$

式中：P——膜强度，psi；

　　　T——扭矩表读值，inch-pound；

　　　L——划痕长度，inch；

　　　W——划痕宽度，inch。

（3）假如所有测试环和测试块的冶金结构相同，蒸馏水的摩擦系数值应该是一个常数。在 60 r/min、150 inch-pound 的扭矩下，扭矩表读值应该是 34。然而，每个测试环和测试块都不可能是一样的，所以需要引入一个修正系数。用水的标准读值（34）除以润滑性测试中记录的实际读值，即为修正系数：

$$修正系数 = \frac{水的标准读值}{水的实际读值} \tag{3-41}$$

$$钻井液润滑系数 = \frac{表读值}{100} \times 修正系数 \tag{3-42}$$

在已知负荷下扭矩降低百分比：

$$扭矩降低百分比 = \frac{AL - BL}{AL} \times 100\% \tag{3-43}$$

式中：AL——在力与 BL 相等时，未处理泥浆的扭矩读值；

　　　BL——在力与 AL 相等时，添加了润滑剂处理的泥浆的扭矩读值。

$$摩擦系数 = \frac{F}{W} = \frac{表读值}{100} \tag{3-44}$$

式中：F——在已知速率下相互滑动测试块和测试环表面所需的摩擦力，通过在规定转速下转动测试环所需的安培数来测量；

W——通过扭矩臂将测试块施加到测试环上的负荷或力。

（四）试验实例

钻井液常温常压极压润滑评价试验结果详见表3—10。

表3—10　钻井液常温常压极压润滑评价试验结果

序号	井号	极压润滑系数
1	CNH5—4	0.285
2	CNH7—6	0.304
3	Z202	0.310
4	CN13—6	0.295
5	CNH26—5	0.141
6	CNH5—2	0.143
7	CNH5—3	0.181
8	CNH5—6	0.142
9	CNH5—5	0.152
10	CNH25—9	0.330
11	W206H1—1	0.241
12	W204H11—2	0.132
13	W204H10—4	0.117

三、高温高压极压润滑评价试验

（一）评价标准

目前尚没有建立相关标准用于测试评价钻井液的高温高压极压润滑性能。

（二）设备材料、药品

高温高压极压润滑仪（图3—19）、带处理软件的电脑等。

图 3—19 高温高压极压润滑仪

（三）试验程序

1. 准备工作

正确规范地穿戴好劳动保护用品。

2. 开始试验

（1）将气源管汇连接到气瓶上，打开气瓶气源，调节总管汇压力在 5～7 MPa 之间。

（2）打开总电源开关，仪表灯亮起。

（3）调节加热套温度至 240℃，调节样品温度为设置温度。

（4）确认已关闭所有放气阀和放液阀，将测试块放入测试块座中，将样品倒入釜内，没过测试块即可，要给液体膨胀留下足够空间。

（5）确认密封圈安装完毕，盖紧上盖。

（6）调节釜内压力调节阀，将釜内压力设置为 0.69 MPa，将加热开关设置到"ON"状态，开始升温。升温过程中压力会上升。

（7）待温度升到设定的温度时，调节釜内压力调节阀，将压力设置为 400 psi（约为 2.8 MPa）。

（8）打开电机旋转开关，电机开始旋转，打开清零开关将扭矩清零。

（9）缓慢调节测试块压力调节阀，将测试块压力调节到 500 psi，这时扭矩开始上升。

（10）在电脑软件上读取测试数据。

3. 仪器拆卸

（1）试验完毕后，关闭加热开关，关闭总气源，关闭各个压力调节阀。

（2）待温度冷却到 100℃ 以内，打开放液阀门。

（3）待气压表归零，打开测试釜。

（4）将 300 mL 清水倒入釜内，用毛刷清洗釜内壁，倒出液体后再次清洗，重复 3 次上述操作即可清洗完毕。

（5）将测试块擦干保存。

4. 注意事项

（1）试验过程中一定要穿戴好劳动保护用品，防止烫伤、砸伤。

（2）在移动和清洗仪器前，一定要确保仪器没有接电。

（3）样品杯外部可以用湿抹布擦拭，仪表盘严禁用湿抹布擦拭。

第五节　钻井液高温高压流变性能评价方法及设备

（一）评价标准

目前尚没有建立相关标准用于测试评价钻井液的高温高压流变性能。

（二）设备材料、药品

美国千德乐 7600 型高温高压流变仪（图 3—20）、扳手、注射器等。

图 3—20　美国千德乐 7600 型高温高压流变仪

（三）试验程序

1. 试验准备

正确规范地穿戴好劳动保护用品。

2. 开始试验

（1）把流变仪上部釜体（图3-21）放在支架上。

图3-21　流变仪上部釜体

（2）放入磁驱下部金属环，注意方向（弧面的一端向下）。

（3）放入磁驱，注意方向（有凸出轴的一端朝下）。

（4）用专用工具固定磁驱（把工具插入磁驱顶部的两个孔中）。

（5）安装驱动轴套（上部固定磁驱的同时下部顺时针安装驱动轴套）。在高温下进行试验时需在驱动轴套的螺纹部分涂抹高温润滑脂。由于成套部件设计精密，要保证安装到位。

（6）安装挠流器固定环，注意方向。放入上部釜体后直接推入底部。

（7）安装挠流器。在高温下进行试验时需在螺纹上涂抹高温润滑脂。要注意安装方向，此部件为逆时针方向旋转，要保证安装到位，不然会导致挠流器与其他运动部件间产生相对摩擦。安装时要稍微压紧顶部的挠流器固定环，防止安装时随动造成安装不到位。

（8）安装扭矩弹簧总成，固定三颗螺钉。

（9）安装定筒轴。安装之前要检查轴底部的剪切钉是否完好，可在钉帽上涂抹少量润滑脂（图3-22），防止针掉落。从下方插入顶部，要确认插到头，轴顶部的平口方向应对准釜体顶部弹簧总成的固定螺钉，然后拧紧固定螺钉，用手旋转轴，确定安装固定好。

图3-22　涂抹润滑脂

（10）安装定筒。一只手固定顶部的弹簧总成，一只手顺时针把定筒拧紧。

（11）安装转筒。首先涂抹少量高温润滑脂，其次顺时针拧到位。

（12）安装驱动套。把驱动套安装到位（图3-23），由于内部磁体磁力较大，放入驱动套的时候要注意防止压到手。

图3-23　安装驱动套

需要注意的是，安装好驱动套后要用手转动驱动套，同时观察下部的定筒、转筒、挠流器之间是否有摩擦；如果有，说明上述部件没有安装到位。

（13）安装顶针和轴承。把顶针和轴承用尖嘴钳安装到下部釜体的座子上（顶针针尖朝上），要确保安装到位。

（14）安装上下密封圈。安装前需在密封圈上涂抹少量黄色高温润滑脂。密封圈分金属密封圈和橡胶密封圈。金属密封圈有上下面之分，要注意方向；橡胶密封圈没有方向之分。金属密封圈的大斜面和釜体接触，小斜面和橡胶密封圈接触。

（15）给釜体螺纹涂抹润滑脂。

（16）安装下部釜体。把下部釜体放到不锈钢托盘上，下降釜体支架，直到下部螺纹和下部釜体相接触，停止下降，顺时针安装下部釜体（图3－24）。

图3－24　安装下部釜体

（17）釜体拧到头，后退5°以上、45°以下（图3－25）。

图 3-25　釜体安装示意图

（18）检查釜体安装到位时弹簧总成是否悬浮，稍微旋转总成能轻易回弹。（此步骤很重要，必须保证弹簧总成悬浮，否则会对后面的试验结果造成巨大误差）。

（19）安装弹簧总成保护套（图 3-26）。

图 3-26　安装弹簧总成保护套

（20）安装上釜盖（图 3-27）。要注意，上釜盖的回油孔要正对右手边（拧到头，后退 90°左右）。

图 3-27　安装上釜盖

（21）下降安装支架，到位后安装皮带、高压管线、扭矩传感器（图 3-28）。

图 3-28　安装皮带、高压管线、扭矩传感器

（22）在软件上进行 Tare（注意，一定要保证所有部件安装好后再进行 Tare）。

（23）用注射器装 175 mL 左右的样品，然后用堵头拧紧注样口。

（24）检查前面油瓶里的油是否大于半瓶，如不够需拧下油瓶添加至足够油量。检查后面油瓶里的油是否已经装满，如装满请拧下倒出。

（25）确保黑色手动泄压阀为打开状态，调节 AIR 开关选择"ON"。调节面板上的 PUMP 开关选择"MAN"，直到观察到后面油瓶有连续的油流出，关闭 PUMP，关闭手动泄压阀。

（26）调节 PUMP 开关选择 "AUTO"，调节 RELEASE 开关选择 "AUTO"，调节 HEAT 开关选择 "ON"。

（27）在电脑软件上对已经设定好的 schedule 点开始运行，开始试验。

3. 仪器拆卸步骤说明

（1）确保加热器开关选择 "OFF" 并停止加热，釜体已经冷却到室温，釜体压力已经释放。泵和自动泄压阀停止工作。

（2）取掉扭矩传感器，拆掉高压不锈钢管，取掉皮带。

（3）调节 AIR 开关选择 "ELEV"，调节 VESSEL 开关选择 "UP"。直到下部釜体完全从加热套中出来后，停止上升支架，放上不锈钢托盘。

（4）逆时针旋转下部釜体，直到拆下釜体（图 3-29）。然后清洗釜体，注意釜体中的顶针和轴承（轴承有时会留在转筒底部，遇到这种情况时可用专用工具将其顶出来）。

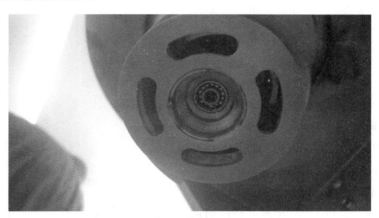

图 3-29　拆卸釜体

（5）拆掉下部釜体后，上升支架直到顶部。

（6）拆掉转筒。

（7）拆掉上部釜盖和弹簧总成保护套。

（8）一只手拧掉弹簧总成上的定筒轴固定螺丝，另一只手在下部接住定子，防止掉落。

（9）拆掉弹簧总成。

（10）一只手按住挠流器安装环，另一只手顺时针拧下挠流器。

（11）用专用工具拔出挠流器安装环。

（12）一只手用专用工具固定磁驱，另一只手逆时针拧下驱动轴套。

（13）用专用工具压住磁驱的同时取掉驱动盘。

（14）取下上部釜体并倾斜，倒出磁驱及里面的金属环。

（15）清洁所有的零部件，擦干后摆放整齐，便于下一次使用。

第六节　稳定性能评价方法及设备

一、沉降稳定性评价试验

（一）静态沉降测试法

1. 评价标准

目前尚没有建立相关标准用于测试评价钻井液的静态沉降稳定性。

2. 设备材料、药品

不锈钢罐、密度计、注射器或移液管等。

3. 试验程序

（1）试验准备。

正确规范地穿戴好劳动保护用品。

（2）开始试验。

1）将 1 L 钻井液搅拌均匀后置于沉降罐中，并置于恒温箱内，在特定温度下静态放置一段时间。

2）取出并冷却沉降罐，用注射器或移液管移除沉降罐内的上清液，弃掉上部钻井液 1.5 cm，测量上部钻井液密度（ρ_{top}），记录沉降罐液面高度。

3）除去沉降罐中钻井液 10 cm，再次测量钻井液密度（ρ_{bottom}）。

（3）试验数据处理。

静态沉降因子（SF）的计算：

$$SF = \frac{\rho_{bottom}}{\rho_{bottom} + \rho_{top}} \tag{3-45}$$

式中，SF 为 0.50 说明钻井液未发生静态沉降，SF 大于 0.52 说明钻井液静态沉降稳定性较差。

该方法利用的是钻井液常规测试仪器，操作方法简单，适合现场测试。但是计算静态沉降因子时未考虑脱水收缩作用，即上层游离液体未参与计算，试验结果与真实值会存在一定的偏差。

4. 试验实例

钻井液静态沉降稳定性评价试验结果见表 3-11。

表 3-11　钻井液静态沉降稳定性评价试验结果

井号	ρ_{top}（g/cm³）	ρ_{bottom}（g/cm³）	SF	结果分析
CNH5-4	1.81	1.81	0.50	未发生静态沉降，沉降稳定性好

（二）动态沉降测试法（标准黏度计测试）

1. 评价标准

目前尚没有建立相关标准用于测试评价钻井液的动态沉降稳定性。

2. 设备材料、药品

旋转黏度计、密度计、注射器等。

3. 试验程序

（1）试验准备。

正确规范地穿戴好劳动保护用品。

（2）开始试验。

1）将钻井液放置在旋转黏度计测量杯中，控制钻井液温度，将旋转黏度计转速调为 100 r/min，用注射器抽取钻井液靠近杯底的部分并测量其密度。

2）30 min 后，再次在杯底取样和测量密度，计算 30 min 前后测量杯底部钻井液的密度差 $\Delta\rho$。

（3）试验数据处理。

钻井液沉降趋势与 $\Delta\rho$ 成一定的比例关系。沉降趋势（SR）用下式表示：

$$SR = \exp\left(-\frac{k\Delta\rho}{\rho}\right) \tag{3-46}$$

式中：k——系数，使用黏度计测试沉降性时 k 为 10.9。

$SR \leqslant 1.0$，当 SR 为 1.0 时说明无沉降，SR 越小说明现场应用时发生沉降的可能性越大。

与静态沉降测试法一样，动态沉降测试法使用常规钻井液测试仪器，操作方法简单，适合现场应用。缺点是沉降颗粒是自然沉降于杯底的，其颗粒分布不可预测，不能保证每次都在同一点取样，试验结果重复性较差。

4. 试验实例

钻井液动态沉降稳定性评价试验结果见表3-12。

表3-12　钻井液动态沉降稳定性评价试验结果

井号	ρ（g/cm^3）	$\Delta\rho$（g/cm^3）	SR	结果分析
CNH5-4	1.835	0.005	0.971	现场应用时，发生沉降的可能性较小

二、热稳定性评价试验

（一）评价标准

热稳定性评价试验参照《石油天然气工业　钻井液现场测试　第1部分：水基钻井液》（GB/T 16783.1—2014）和《石油天然气工业　钻井液现场测试　第2部分：油基钻井液》（GB/T 16783.2—2012）中的相关方法进行。

（二）设备材料、药品

OFI滚动加热炉、老化罐、旋转黏度计、高速搅拌器等。

（三）试验程序

（1）在高温滚子炉中，根据现场井底温度按照不同的时间间隔对钻井液进行滚动老化。

（2）达到要求的老化时间后，用旋转黏度计测量钻井液的流变性。对比高温热滚前后的试验数据，判断钻井液抗高温的能力。数据处理参照每种常规性能指标的试验参数及数据处理方法。

（四）试验实例

钻井液热稳定性评价试验数据见表3-13。

表 3-13　钻井液热稳定性评价试验数据

井号	检测时间	表观黏度 （mPa·s）	塑性黏度 （mPa·s）	初切力 （Pa）	终切力 （Pa）	动切力 （Pa）
CNH25-9	老化前体系	39.0	36	1.0	6.5	2.88
	16 h 老化后体系	52.5	18	2.0	12.5	5.28
	48 h 老化后体系	55.0	39	3.5	22.5	15.36
	72 h 老化后体系	67.5	46	5.0	22.5	20.64

三、井眼清洁能力评价试验

（一）评价标准

目前尚没有建立相关标准用于测试评价钻井液的井眼清洁能力。

（二）设备材料、药品

湿筛标准筛、量筒、旋转黏度计、粉碎机、高速搅拌器（图 3-30）等。

图 3-30　高速搅拌器

（三）试验程序

1. 试验准备

正确规范地穿戴好劳动保护用品。

2. 开始试验

（1）将取自现场的岩屑进行干燥，或通过粉碎柱塞岩心、不规则岩心来制备过 6~10 目筛的钻屑。

（2）配制地层水或标准盐水。

（3）将过量处理过的岩屑加入现场钻井液中，使用高速搅拌器在 3000 r/min 的转速下充分搅拌 30 min。

（4）取搅拌好的 100 mL 钻井液与岩屑混合液置于量筒中，然后将混合液缓慢倒入 30 目湿筛标准筛中，使用地层水或标准盐水冲洗。冲洗干净后，沥去筛中岩屑上的水分。

（5）将筛中的岩屑倒入 100 mL 量筒，然后加入地层水或标准盐水达到 100 mL。

（6）将岩屑和地层水或标准盐水的混合液使用标准滤纸过滤，计量过滤出的水的体积 V_1。

3. 试验数据处理

（1）使用下式计算岩屑的体积，并求得钻井液携屑率：

$$V_屑 = 100 - V_1 \qquad\qquad (3-47)$$

$$C_屑 = V_屑 \times 100\% \qquad\qquad (3-48)$$

式中：$V_屑$——100 mL 钻井液中携带的岩屑体积；

V_1——过滤 100 mL 岩屑和地层水或标准盐水的混合液得到的过滤水的体积；

$C_屑$——钻井液中岩屑的浓度，其值越高钻井液的携屑能力越强，其井眼清洁能力越强。

钻井液流变性测定方法参照常规性能评价方法及设备部分。

（四）试验实例

钻井液井眼清洁能力评价试验结果见表 3-14。

表 3-14　钻井液井眼清洁能力评价试验结果

序号	井号	漏斗黏度（s）	表观黏度（mPa·s）	塑性黏度（mPa·s）	动塑比	GEL（Pa/Pa）	岩屑浓度（%）
1	CN13-6	52	51.0	33.0	0.55	5.0/14.0	7.52
2	CN13-6	55	54.0	35.0	0.46	5.5/14.0	6.41
3	CN13-6	53	53.0	34.0	0.51	5.0/15.0	7.11
4	CN24-1	72	88.0	57.0	0.35	4.5/10.0	5.57
5	CN24-1	70	84.0	54.0	0.36	4.0/9.0	5.72
6	CN24-1	70	85.0	55.0	0.35	4.0/9.0	5.53

续表

序号	井号	漏斗黏度（s）	表观黏度（mPa·s）	塑性黏度（mPa·s）	动塑比	GEL（Pa/Pa）	岩屑浓度（%）
7	CNH26－5	48	45.0	29.0	0.63	8.0/19.0	6.84
8	CNH26－5	48	45.0	29.0	0.61	8.0/19.0	7.18
9	CNH26－5	46	43.0	28.0	0.60	8.0/19.5	6.69
10	CNH25－8	83	88.0	57.0	0.42	6.0/17.0	5.90
11	CNH25－8	80	85.0	55.0	0.39	6.0/17.0	5.87
12	CNH25－8	82	87.0	56.0	0.39	6.0/17.0	5.75
13	CNH25－8	80	85.0	55.0	0.39	6.0/16.0	5.72
14	CNH5－4	45	31.0	20.0	0.72	7.0/13.0	8.62
15	CNH5－4	45	31.0	20.0	0.65	8.0/13.0	8.21
16	CNH5－4	45	29.0	19.0	0.63	8.0/13.0	8.11
17	CNH7－6	50	37.0	24.0	0.56	5.5/16.5	7.04
18	CNH7－6	48	36.0	23.0	0.52	5.0/14.0	6.85
19	CNH5－2	67	47.0	30.0	0.48	5.0/13.0	6.05
20	CNH5－2	66	47.0	30.0	0.35	5.5/14.0	5.31
21	CNH5－3	59	71.0	46.0	0.55	7.0/16.0	6.84
22	CNH5－3	59	70.0	45.0	0.51	7.0/16.0	6.31
23	CNH5－5	58	69.0	44.6	0.47	6.0/15.0	5.77
24	CNH5－5	58	68.0	44.0	0.48	6.5/16.0	5.31
25	CNH5－6	58	53.0	34.0	0.53	7.5/19.0	6.45
26	W206H1－1	63	65.5	49.0	0.34	3.5/16.0	4.68
27	W206H1－1	65	66.0	51.0	0.31	2.0/16.0	4.31
28	W206H1－1	65	67.0	52.0	0.29	3.0/15.0	4.55
29	W204H11－2	67	69.0	52.0	0.37	3.0/15.0	5.07
30	W204H11－2	67	69.0	52.0	0.41	3.0/14.0	5.12
31	W204H11－2	67	70.0	53.0	0.38	3.0/15.0	5.13
32	W204H10－4	90	82.0	66.0	0.53	2.5/15.0	5.89
33	W204H10－4	88	79.0	65.0	0.52	3.0/16.0	6.02
34	W204H10－4	88	79.0	65.0	0.51	3.0/16.5	5.97

由表 3-14 可知，现场钻井液具有较高的动塑比和静切力，经计算，钻井液的携屑浓度平均大于 5%，具有良好的井眼清洁能力。钻井液可携带岩屑的浓度与动塑比和静切力呈正比趋势，由此可知钻井液的动塑比和静切力越高，钻井液的井眼清洁能力越高。

第七节　有害低密度固相含量计算方法

在川渝某些页岩气区块，井下掉块严重，大量钻屑、掉块等未能被带出地面。水平钻进会对岩屑进行旋转研磨，不断磨细并分散于钻井液中，直接影响钻井液的流变性、携砂能力，间接影响钻井液的封堵性。新配制油基钻井液和现场井浆的组成如图 3-31 所示。现场，中-高速离心机若未达到使用时长，对钻井液的流变性影响极大，会进一步造成其携砂能力下降，引起井下复杂。目前，《石油天然气工业　钻井液现场测试　第 2 部分：油基钻井液》（GB/T 16783.2—2012）规定油基钻井液低密度固相含量密度为 2.65 g/cm³，未区分有用和有害低密度固相。有用低密度固相包括有机土、氧化钙、氯化钙、封堵剂、降滤失剂，此类材料为钻井液主要添加剂，而有害低密度固相主要为钻屑。本书根据钻井液评价需求，对现有低密度固相含量测试方法进行改进。主要通过计算加重剂、氧化钙、封堵剂、有机土、降滤失剂的加量，以及各类产品的密度，计算有用固相含量。再通过测试得到的总固相含量来计算有害低密度固相含量。有害低密度固相含量计算思路如图 3-32 所示。

新配制油基钻井液　　　　　　　现场井浆

图 3-31　新配制油基钻井液和现场井浆的组成

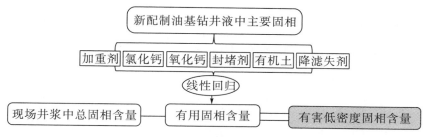

图 3—32 有害低密度固相含量计算思路

通过测试得到现场井浆的密度、油水比和氯离子含量等关键参数，室内采用与其相同的配方配制油基钻井液，并测定固相含量。室内模拟现场井浆配制油基钻井液各处理剂加量及比例见表 3—15。

表 3—15 室内模拟现场井浆配制油基钻井液各处理剂加量及比例

序号	检测项目 （新配制）	N209 H12—1	N209 H10—6	N209H 10—8	W202 H13—1	W204 H33—3	Z201 H4—2
1	密度（g/cm³）	2.05	2.02	2.02	2.00	2.16	1.80
2	油（份数）	90	90	90	90	88	88
3	水（份数）	10	10	10	10	12	12
4	氯离子（mg/L）	26000	22000	23000	26000	24000	24000
5	氯化钙体积（%）	7.49	6.33	6.62	7.49	6.91	6.91
6	氧化钙加量（%）	3.00	3.00	3.00	3.00	3.00	3.00
7	氧化钙密度（g/cm³）	3.35	3.35	3.35	3.35	3.35	3.35
8	氧化钙体积（%）	0.90	0.90	0.90	0.90	0.90	0.90
9	加重材料密度 （g/cm³）	4.20	4.20	4.20	4.20	4.20	4.20
10	加重材料体积（%）	35.05	34.14	34.14	33.53	38.37	27.49
11	有机土加量（%）	2	2	2	2	2	2
12	有机土密度（g/cm³）	2	2	2	2	2	2
13	有机土体积（%）	1.00	1.00	1.00	1.00	1.00	1.00
14	封堵剂加量（%）	3	3	3	3	3	3
15	封堵剂密度（g/cm³）	2.60	2.60	2.60	2.60	2.60	2.60
16	封堵剂体积（%）	1.15	1.15	1.15	1.15	1.15	1.15
17	降滤失剂加量（%）	2	2	2	2	2	2

序号	检测项目（新配制）	N209 H12－1	N209 H10－6	N209H 10－8	W202 H13－1	W204 H33－3	Z201 H4－2
18	降滤失剂密度（g/cm³）	0.70	0.70	0.70	0.70	0.70	0.70
19	降滤失剂体积（%）	2.86	2.86	2.86	2.86	2.86	2.86
20	固相含量（计算）	50.28	48.23	48.51	48.77	53.03	42.16
21	固相含量（实测）	38	37	37	36	39	33

由表 3－15 可知，理论计算得到的固相含量值与实测固相含量值出入较大，需进行修正。以加重材料和氯化钙等作为主要参数，对有用固相含量做线性回归分析，结果见表 3－16。

表 3－16　线性回归分析结果

Multiple R	0.9997
R^2	0.9995
Significance F	7.86×10^{-6}
Coefficient－X_1	1.158
Coefficient－X_2	0.671
P value－X_1	0.046
P value－X_2	0.002

由表 3－16 可知，相关系数 $R = 0.9997$，自变量与因变量高度正相关。复测定系数为 $R^2 = 0.9995$，自变量可解释因变量的 99.95%，拟合度好。F 显著性统计量的 P 值远小于显著性水平 0.05，回归效果显著。变量的 P 值远小于 0.05，与低密度固相含量相关性好。因此，该线性回归模型合理。

根据修正理论公式因子，得到最终公式，表 3－17 给出了线性回归值与实测值之间的误差。

表 3－17　线性回归值与实测值的误差

序号	项目	固相含量（线性回归）	固相含量（实测）	误差
1	N209H12－1 井浆	37.99	38	0.03%
2	N209H10－6 井浆	36.06	37	2.61%
3	N209H10－8 井浆	36.39	37	1.67%

序号	项目	固相含量（线性回归）	固相含量（实测）	误差
4	W202H13-1 井浆	36.98	36	2.67%
5	W204H33-3 井浆	39.56	39	1.42%
6	Z201H4-2 井浆	32.27	33	2.26%

由表 3-17 可知，经计算线性回归得到的固相含量值与实测固相含量值相差较小，误差小于 3%。

利用线性回归关系式计算有害低密度固相含量，结果见表 3-18。

表 3-18　有害低密度固相含量计算结果

检测项目	N209 H12-1	N209 H10-6	N209H 10-8	W202 H13-1	W204 H33-3	Z201 H4-2
密度（g/cm³）	2.05	2.02	2.02	2.00	2.16	1.80
油：水（体积比）	90：10	90：10	90：10	90：10	88：12	88：12
氯离子（mg/L）	26000	22000	23000	26000	24000	24000
有用固相含量（回归）（%）	37.99	36.06	36.39	36.98	39.56	32.27
现场测试固相含量（%）	43	42	44	42	45	42
有害低密度固相含量（%）	4.76	4.90	4.92	4.80	5.51	6.00

由表 3-18 可知，现场应用油基钻井液有害低密度固相含量为 4%~6%。

第八节　川渝地区页岩气钻井液检测特色装备

一、移动实验舱

移动实验舱（图 3-33）相当于一个"移动实验室"，可以现场实时检测钻井液的性能，能够及时发现现场应用的钻井液体系性能指标是否满足钻井设计或相关技术规范，检测时效性和及时性得以进一步体现。它是石油行业首个通过国家计量认证的移动式实验室。

图 3-33　移动实验舱外观

移动实验舱包括实验区和办公区两部分（图 3-34）。室内配备有可供实验的操作边台、设备柜、洗手池、吊柜、文件柜、配件柜、办公桌椅等。室内内墙和顶部采用 50 mm 阻燃双面夹心彩钢板。房体表面油漆采用分层涂刷，底层漆采用环氧型富锌底漆，中层漆采用环氧云铁漆，面漆采用丙烯酸聚氨酯漆，顶部单独做专业防水处理。外机整体隐藏，采用折叠式爬梯，整个实验室外部没有悬挂的部件。移动实验舱采用 9.6 m 四桥车进行公路运输。

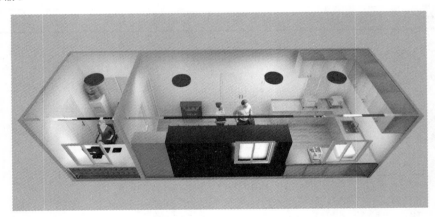

图 3-34　移动实验舱内部三维图

表 3-19 列出了移动实验舱的检测能力，由表 3-19 可知，移动实验舱可直接在现场开展 22 项钻井液性能指标检测。

表 3-19　移动实验舱检测能力

序号	钻井液体系	性能指标
1	水基钻井液	密度
2		黏度和切力
3		滤失量
4		水、油和固相含量
5		含砂量
6		高温高压（HTHP）滤失量
7		pH 值
8		亚甲基蓝容量
9		氯离子含量
10		以钙离子计的总硬度
11		钙离子含量
12		镁离子含量
13		酚酞碱度
14		甲基橙碱度
15	油基钻井液	密度
16		黏度和切力
17		水、油和固相含量
18		高温高压（HTHP）滤失量
19		电稳定性
20		钻井液碱度
21		钻井液氯根含量
22		钻井液钙含量

二、钻井液检测车

钻井液检测车（图 3-35、图 3-36）主要用于钻井现场钻井液性能指标的检测与评价，可以有效弥补目前现场检测条件和检测设备的不足。钻井液检测车采用"三区域，二隔离"的设计结构，在舱体内设计两道隔离屏障，实现辅助设备区、实验作业区、数据处理区的相对独立。在实验作业区配置净气式通风柜，同时配备"有毒气体等有害废物报警装置"。通风柜带底部储物柜、操作台面及过滤装置的一体化净气式过滤通风部分。钻井液检测车内布局2台顶置式空调（2匹）、排气扇及加湿装置以满足实验对温度和湿度的要求。同时，在设备安装基座上进行防震处理以确保各种检测仪器设备通过各种道路（高速路、碎石路、泥土路及其他井场公路）到达检测地点时能正常工作。

图3-35　钻井液检测车外观

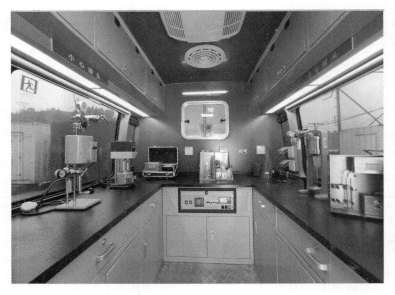

图3-36　钻井液检测车内景

　　表3-20、表3-21列出了钻井液检测车内配置设备的名称、数量及对应的检测项目和相关配套设备的名称及数量。

表 3-20　**设备清单及对应的检测项目**

序号	设备名称	检测项目及单位	数量
1	液体密度计	密度，g/cm³	3套（不同量程）
2	马氏漏斗黏度计	漏斗黏度，s	1套
3	中压滤失仪	中压失水，mL	1套
		中压泥饼，mm	
4	高温高压滤失仪	HTHP失水，mL	1套
		HTHP泥饼，mm	
5	固相含量测定仪	固相含量，%	1套
		水含量，%	
		油含量，%	
6	含砂量测定仪	含砂量，%	1套
7	旋转黏度计	10 s 静切力，Pa	1套
		10 min 静切力，Pa	
		600/300/200/100/6/3 转读数	
		表观黏度，mPa·s	
		塑性黏度，mPa·s	
		动切力，Pa	
		动塑比	
		n 值	
		K 值	
8	pH计	pH值	1套
9	滑块式黏滞系数测定仪	泥饼黏滞系数	1套
10	手柄式黏滞系数测定仪	泥饼黏滞系数	1套
11	亚甲基蓝测试箱	膨润土含量，g/L	1套
12	硬度测试箱	以钙计的总硬度，mg/L	1套
		钙离子含量，mg/L	
		镁离子含量，mg/L	
13	氯离子含量检测箱	氯离子含量，mg/L	1套

序号	设备名称	检测项目及单位	数量
14	碱度测试箱	碳酸根浓度，mg/L	1套
		碳酸氢根浓度，mg/L	
		氢氧根浓度，mg/L	
15	钾离子含量检测箱	钾离子含量，mg/L	1套
16	高温滚子炉	老化性能	1套
17	电稳定性测试仪	电稳定性，V	1套

表 3-21　相关配套设备清单

序号	设备名称	数量
1	变频高速搅拌器	1台
2	电子天平	2台
3	秒表	2个
4	数据输出系统	1套
5	磁力加热搅拌器	1台
6	低速电动搅拌机	1台

第九节　川渝页岩气井钻井液性能推荐指标

一、钻井液现场取样要求

（1）取样时应有现场钻井监督、抽检人员及钻井液工程师在场，并签字做好记录。

（2）现场取样点应有代表性。正常钻进时，应在振动筛后钻井液过渡槽处取样；钻井液未循环时，应在上水罐处经搅拌器搅拌 15 min 后取样；储备浆至少循环一周后取样。

（3）遇溢流压井、井漏处理、钻水泥塞、盐水侵入等情况或需大型处理钻井液时，可延时48 h取样；若必须取样，需注明工况并填写情况说明，检测结果仅作参考。

二、钻井液性能推荐指标

（一）水基钻井液性能推荐指标

表3-22给出了川渝地区页岩气井水基钻井液的性能推荐指标。

表3-22 水基钻井液性能推荐指标

序号	检测项目及单位	不同密度钻井液的推荐性能				
1	密度，g/cm³	1.21~1.40	1.41~1.60	1.61~1.80	1.81~2.00	2.01~2.20
2	漏斗黏度，s	35~55	40~60	40~70	45~80	≤100
3	10 s 静切力，Pa	1~3	1.5~4.0	2~5	2~5	2~6
4	10 min 静切力，Pa	3~8	4~10	5~11	6~12	7~14
5	塑性黏度，mPa·s	10~29	13~34	15~40	18~50	22~65
6	动切力，Pa	3~8	4~10	5~11	6~12	7~14
7	API 失水，mL	≤8	≤5	≤5	≤5	≤5
8	API 泥饼厚度，mm	≤0.5	≤0.5	≤0.5	≤0.5	≤0.5
9	滑块摩阻系数	≤0.15	≤0.15	≤0.15	≤0.15	≤0.15
10	固相含量，%	≤20	≤25	≤32	≤38	≤45
11	含砂量，%	≤0.3	≤0.3	≤0.3	≤0.2	≤0.2
12	膨润土含量，mg/L	≤45	≤40	≤30	≤25	≤20
井底温度≥90℃，须进行高温沉降稳定性与热滚测试； 井底温度≥90℃或垂深≥2500 m，须进行高温高压（HTHP）滤失量测试。						
13	HTHP 失水，mL	≤15	≤15	≤12	≤10	≤10
14	HTHP 失水泥饼，mm	≤2	≤2	≤3	≤3	≤3
15	高温沉降稳定系数	≤0.52	≤0.52	≤0.52	≤0.52	≤0.52
16	pH 值	按设计要求				

注：（1）现场检测应在取样后15 min内进行密度、流变性能测试。（2）流变性能测试温度为50℃。（3）高温高压（HTHP）滤失量测试温度参考井底温度。

（二）油基钻井液性能推荐指标

表3-23给出了川渝地区页岩气井油基钻井液的性能推荐指标。

表 3-23 油基钻井液性能推荐指标

序号	检测项目及单位	不同密度钻井液的推荐性能				
		1.40~1.60	1.61~1.80	1.81~2.00	2.01~2.20	2.21~2.40
1	密度，g/cm³	1.40~1.60	1.61~1.80	1.81~2.00	2.01~2.20	2.21~2.40
2	漏斗黏度，s	≤60	≤70	≤75	≤85	≤90
3	Φ6 读数	4~10	4~10	4~10	4~10	4~10
4	10 s 静切力，Pa	1.5~4.0	2~5	2~5	2.5~6.0	3~7
5	10 min 静切力，Pa	4~10	4~10	5~12	6~15	8~16
6	动切力，Pa	4~8	4~10	5~12	6~13	7~15
7	塑性黏度，mPa·s	≤60	≤60	≤70	≤80	≤85
8	HTHP 失水（120℃），mL	≤2	≤2	≤2	≤2	≤2
	HTHP 失水（150℃），mL	≤3	≤3	≤3	≤3	≤3
9	HTHP 失水泥饼，mm	≤2	≤2	≤3	≤3	≤3
10	碱度	≥2.5	≥2.5	≥2.5	≥2.5	≥2.5
11	破乳电压，V	≥800	≥800	≥800	≥800	≥800
12	Cl^-，mg/L	≥25000	≥25000	≥25000	≥25000	≥25000
13	固相含量，%	≤30	≤35	≤40	≤45	≤50
14	有害低密度固相含量，%	≤8	≤8	≤8	≤8	≤8

注：（1）现场检测应在取样后 15 min 内进行密度、流变性能测试。（2）流变性能测试温度为 65℃。（3）高温高压（HTHP）滤失量测试温度为 120℃，若井底温度高于 120℃，则取井底温度。

第四章 页岩气水基钻井液体系性能评价及现场应用情况分析

第一节 M1、RI 页岩气水基钻井液关键处理剂优选

一、M1 页岩气水基钻井液关键处理剂优选

（一）封堵剂优选

根据 CN、W 等地区的页岩孔隙结构分析可知，该地区页岩存在大量的微孔隙和微裂缝，因而需要在钻井液中加入封堵剂以实现对页岩微孔隙和微裂缝的封堵，以有效降低钻井液静水压力的传递和钻井液滤液的渗滤。

此外，根据防塌钻井液作用机理以及封堵理论分析可知，刚性颗粒封堵剂与沥青类封堵剂协同复配使用往往能够实现有效封堵、延长井壁稳定周期。因此，在 M1 页岩气水基钻井液体系中适宜采取刚性颗粒加柔性粒子复配的封堵方法。

刚性颗粒选择碳酸钙，因其具有较强的抗温、抗压能力，可以酸溶，是常用的封堵材料。而柔性粒子则选择乳化沥青，因为它在高温下软化变形和疏水，可有效阻止钻井液滤液进入地层，抑制地层水化，防止井壁坍塌。

按照正交设计方法，设计超细碳酸钙与乳化沥青的组合配方，见表 4−1。

表 4-1 超细碳酸钙与乳化沥青的组合配方

试验号	超细碳酸钙	乳化沥青
1	0	1%
2	1%	3%
3	2%	0
4	3%	2%
5	4%	4%

按表 4-1 设计的组合配方，分别加入基浆，利用高温高压失水仪分别测定各组合配方的封堵性能。设定温度为 150℃，压差为 3.5 MPa。根据试验结果，绘制高温高压累计失水量、平均滤失速率与时间的关系曲线，如图 4-1、图 4-2 所示。

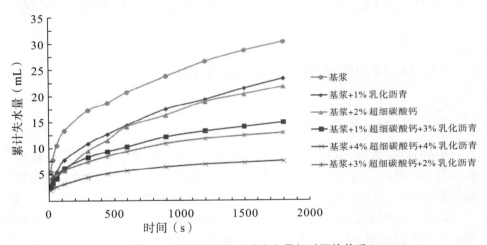

图 4-1 各组合配方累计失水量与时间的关系

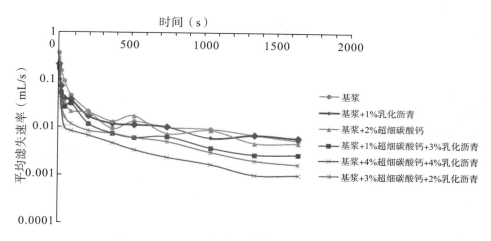

图4-2　各组合配方平均滤失速率与时间的关系

由图4-1、图4-2可知，在高温高压的条件下，基浆＋3％超细碳酸钙＋2％乳化沥青这个组合配方的高温高压滤失量最小，且累计失水量达恒定的时间最短，平均滤失速率降低最快；该组合配方的滤饼渗透率比其他的低一个数量级，说明其封堵效果最好。

表4-2给出了各组合配方的泥饼渗透率，表4-3给出了单剂与复配封堵剂的效果对比数据。

表4-2　不同封堵剂配方的泥饼渗透率

组合配方	泥饼渗透率（$10^{-6} \cdot m^2$）
基浆	10.656
基浆＋1％乳化沥青	7.7096
基浆＋2％超细碳酸钙	5.1614
基浆＋1％超细碳酸钙＋3％乳化沥青	9.3694
基浆＋4％超细碳酸钙＋4％乳化沥青	3.0008
基浆＋3％超细碳酸钙＋2％乳化沥青	0.5251

表4-3　单剂与复配封堵剂的效果对比

组合配方	PV（mPa·s）	YP（Pa）	FL（mL）	K（$10^{-6} \cdot m^2$）
基浆＋2％乳化沥青	5.0	1.68	22.4	2.5534
基浆＋3％超细碳酸钙	5.0	1.92	19.8	5.018

组合配方	PV (mPa·s)	YP (Pa)	FL（mL）	K (10^{-6}·m^2)
基浆＋3％超细碳酸钙＋2％乳化沥青	5.5	1.92	7.5	0.5251
基浆＋1％超细碳酸钙＋3％乳化沥青	6.5	1.92	14.9	9.3694
基浆＋4％超细碳酸钙＋4％乳化沥青	8.0	2.40	12.9	3.0008

由表4－2、表4－3可知，基浆＋3％超细碳酸钙＋2％乳化沥青这个组合配方的泥饼渗透率比其他的低一个数量级，说明该组合配方封堵效果最好。

针对页岩气区块不同的地质条件，在地层岩性破碎的井段，必须强化页岩气水基钻井液的封堵能力，采用微乳液封堵原理，通过室内试验，引入微米石蜡乳液 TYRF－1，从微米级上增加页岩气水基钻井液的封堵能力，以大幅度降低泥饼渗透率，封堵地层微孔隙与微裂缝。下面将评价加入了微米石蜡乳液（TYRF－1）的配方的性能。

1. 密度为 2.00 g/cm³ 的钻井液性能测试

（1）在 100℃条件下热滚后的性能测试。

在 100℃条件下，密度为 2.00 g/cm³ 的钻井液热滚后的性能测试结果见表4－4。

表4－4 热滚后的性能测试结果

序号	配方	ρ (g/cm³)	PV (mPa·s)	YP (Pa)	GEL (Pa/Pa)	FL_{HTHP} (mL/100℃)	pH	K_f
1	基础配方	2.00	41	6.72	2.0/8.0	8.0	10.0	0.0699
2	1#＋0.5％TYRF－1	2.00	41	6.72	2.0/9.0	8.4	9.5	0.0612
3	1#＋1％TYRF－1	2.00	43	7.20	2.5/9.0	6.4	9.0	0.0612
4	1#＋2％TYRF－1	2.00	45	9.60	2.5/11.0	6.0	10.0	0.0544

（2）封堵能力测试。

在常温，压差为 0.69 MPa 和 6.9 MPa 的条件下，密度为 2.00 g/cm³ 的钻井液的封堵能力测试结果见表4－5。

表4-5 封堵能力测试结果

序号	配方	沙床侵入深度（cm）	清水滤失量（mL）
1	基础配方	6.4	5.0
2	1#+0.5%TYRF-1	5.6	4.4
3	1#+1%TYRF-1	4.4	4.0
4	1#+2%TYRF-1	3.8	3.2

2. 密度为 2.20 g/cm³ 的钻井液性能测试

（1）在 130℃ 条件下热滚后的性能测试。

在 130℃ 条件下，密度为 2.20 g/cm³ 的钻井液热滚后的性能测试结果见表4-6。

表4-6 热滚后的性能测试结果

序号	配方	ρ (g/cm³)	PV (mPa·s)	YP (Pa)	GEL (Pa/Pa)	FL_{HTHP} (mL/130℃)	pH	K_f
1	基础配方	2.20	55	7.68	3.0/9.5	5.5	10.0	0.0699
2	1#+0.5%TYRF-1	2.20	55	8.16	2.5/10.0	5.6	10.0	0.0699
3	1#+1%TYRF-1	2.20	61	9.60	3.0/11.0	5.0	10.0	0.0612
4	1#+2%TYRF-1	2.20	73	11.52	3.5/12.5	4.8	10.0	0.0612

（2）封堵能力测试。

在常温，压差为 0.69 MPa 和 6.9 MPa 的条件下，密度为 2.20 g/cm³ 的钻井液的封堵能力测试结果见表4-7。

表4-7 封堵能力测试结果

序号	配方	沙床侵入深度（cm）	清水滤失量（mL）
1	基础配方	6.8	5.4
2	1#+0.5%TYRF-1	6.0	4.8
3	1#+1%TYRF-1	4.6	4.4
4	1#+2%TYRF-1	4.0	3.6

表4-4～表4-7的组合配方，是在钻井液体系中形成微乳液液滴，利用微乳液液滴的贾敏效应，封堵泥饼、地层的微孔隙与微裂缝，以有效降低渗透率。利用微米材料作为最后一级充填粒子，在泥饼形成过程中进一步提高封堵性。上述测试结果表明，TYRF-1与页岩气水基钻井液处理剂配伍

性良好。

因此，通过室内试验，选择采用 3% 超细碳酸钙 + 2% 乳化沥青的封堵剂组合，实现刚性封堵 + 柔性封堵；在微裂缝、微孔隙发育的地层破碎带加入微米石蜡乳液，强化页岩气水基钻井液的封堵能力，确保页岩地层井壁的稳定。

（二）抑制剂优选

井眼的不稳定可能造成钻井施工无法正常进行，甚至会导致无法对地下油气资源做进一步探明或开发。因此，从井壁失稳机理出发寻找其失稳原因及解决方法，对井壁稳定性的研究是非常有必要的。尤其是在长水平段水平井特殊的井身结构中，不论是理论上还是实践中，井壁的稳定问题都显得格外重要和突出。在页岩层段，水化作用是引起该段地层井壁失稳的主要原因之一，并且，目前在稳定井壁机理和技术研究上，人们将钻井液综合性能的改善、保护油气层和环保结合起来。因此，在斜度大、裸眼井段长，井壁更容易垮塌失稳的长水平段水平井中，所使用的钻井液要求具有强抑制性（抑制页岩的水化），以防止或减缓井眼不稳定现象的发生。

页岩抑制剂主要是附着在井壁岩石表面，形成一种憎水膜来阻止工作液浸入岩层，或者增大颗粒之间的联结力来达到抑制作用。从微观角度来说，页岩颗粒之间可通过聚合物或者氢键、范德华力来增加联结力。由此可见，页岩抑制剂主要有封堵型和阻碍型两种。

封堵型抑制剂不需要明显的水迁移量，当钻井液达到井壁的裂缝或孔隙处时就可以对它们进行堵塞，而且此时近井壁的孔隙压力尚未明显增大。理论上来讲，这种堵塞会缩小井壁上的孔隙，从而快速降低钻井液中的水相向地层中的迁移速度。与此同时，井壁上孔隙度的降低，会大大提高井壁上形成半透膜的效率，最终减小地层和钻井液中水相之间的化学势。因此，通常利用封堵型抑制剂来配制高效抑制性钻井液或复配高效的页岩抑制剂。若要达到上述效果，一般在钻井液中添加一种分子大小合适的水溶性物质，能够进入井壁的孔隙和微裂缝中，并稳固吸附在井壁上，以此稳定井壁。目前这类符合要求的水溶性物质有很多，如硅酸盐、聚合醇、铁络合物类等。

而阻碍型抑制剂则主要是减小钻井液中水相向地层的迁移速度，可分为滤液增黏型页岩抑制剂和钻井滤液活度降低型页岩抑制剂。滤液增黏型页岩抑制剂利用甘油或甲基葡萄糖等来增加滤液黏度；钻井滤液活度降低型页岩抑制剂会降低钻井液水的活度，而 KC1、NaCl 及有机盐类就是典型的钻井滤液活度降低型页岩抑制剂。由于钻井液中水的活度会随着分子数或溶质离子数的增加而降低，在相同浓度下，KCl 和 NaCl 降低水活度的能力高于甘油和甲基葡萄糖，但是它们的增黏能力远小于甘油和甲基葡萄糖。还有醋酸钠或乙醇等一些较易溶于水的盐或有机物，当其含量较高时也能产生良好的降低钻井液水活度的效果。

页岩抑制剂的评价方法有很多，本书主要采用浸泡试验、抑制膨润土造浆率试验和滚动回收率试验来评价和优选页岩抑制剂。

1. 浸泡试验

浸泡试验是一种直观、简便的评价抑制剂抑制效果的方法。将 PEG、KCl、Na_2SiO_3（硅酸钠）三种抑制剂配制成相同浓度的溶液，然后用 PM10 型压模机将 8 g 钠基膨润土在 11 MPa×5 min 的条件下制成长 11 mm、直径为 25 mm 的小岩心。在室温下，将四个小岩心分别放入三种抑制剂溶液和清水中浸泡，每隔一段时间观察小岩心的变化情况。试验结果如图 4-3～图 4-6 所示。

图 4-3　小岩心浸泡初始状态

图 4-4　小岩心浸泡 24 h 后的状态

图4-5　小岩心浸泡 48 h 后的状态

图4-6　小岩心浸泡 72 h 后的状态

由图4-3~图4-6可知，随着时间的变化，小岩心在各种溶液中的水化分散程度不同，PEG 溶液中小岩心分散得最少，KCl 溶液中小岩心在 5 h 后就已完全分散。由此可以看出，PEG 的抑制作用最强，Na_2SiO_3 次之，KCl 的抑制作用最弱。PEG 和黏土颗粒之间具有吸附交联、黏结成膜的作用，其分子主链上全部为 C 原子，侧链大部分为羟基（—OH），这就使醇分子与 H_2O 分子争夺页岩黏土矿物上的吸附位置，而与黏土颗粒之间能够形成大量的氢键，以阻止 H_2O 分子与页岩中的黏土矿物反应，从而使小岩心在浸泡过程中基本没有脱落掉块。

2. 抑制膨润土造浆率试验

抑制膨润土造浆率试验是评价页岩抑制剂性能最简单有效的方法之一。在 350 mL 水中分别加入一定质量的钠基膨润土（华潍）和所选用的 4% 的抑制剂，高速搅拌 20 min，将其 pH 值调至 9 左右，在 70℃ 下热滚 16 h 后采用旋转黏度计测试浆液的流变性；然后加入等量的钠基膨润土并调整其pH 值，热滚后再次测试其流变性；重复试验直至读数超出仪器量程。通过对比清水、加有不同抑制剂浆液的 3 转切力值的变化情况来说明抑制剂抑制膨润土造浆的情况，试验结果如图 4-7 所示。

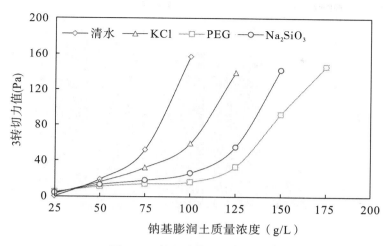

图 4-7　抑制膨润土造浆率试验

由图 4-7 可以看出，在清水中，随着钠基膨润土质量浓度的升高，黏土水化膨胀速度变快，逐渐形成一定的网架结构，使浆液的 3 转切力值快速增长直至超出仪器的测试量程；在 KCl 和 Na_2SiO_3 溶液中，当纳基膨润土质量浓度达到 100 g/L 和 125 g/L 时，浆液的 3 转切力值开始显著升高；在 PEG 溶液中，随着膨润土含量的增加浆液的 3 转切力值缓慢升高，这表明抑制剂 PEG 抑制黏土水化膨胀的能力强于 KCl 和 Na_2SiO_3。综合浸泡和抑制膨润土造浆率两个试验，确定页岩气水基钻井液的抑制剂选择为 PEG。

3. 滚动回收率试验

本书采用滚动回收率试验评价所选抑制剂的加量对泥页岩水化分散的抑制效果。称取 50 g、过 6～10 目的实验室制备的泥页岩岩屑，放入（105±3）℃的恒温干燥箱中烘干至恒重，再取出待降至室温。装入盛有 350 mL 不同浓度 PEG 的老化釜体中，加盖拧紧。将装好试样的釜体放入温度已调至（80±3）℃的滚子加热炉中，滚动 16 h。恒温滚动 16 h 后，取出老化釜体，冷却至室温，将罐内的试样全部倾倒在 40 目分样筛上，在盛有自来水的水槽中湿式筛洗 1 min。然后将 40 目筛余物放入（105±3）℃的恒温干燥箱中烘干 4 h，取出冷却，并在空气中静放 24 h，然后称重（精确至 0.1 g）。根据式（4-1）计算回收率，其结果如图 4-8 所示。

$$R = \frac{m_{回收后质量}}{50} \times 100\% \qquad (4-1)$$

式中：R——40 目岩心回收率，%；

$m_{回收后质量}$——滚动后回收得到的岩屑的质量，g。

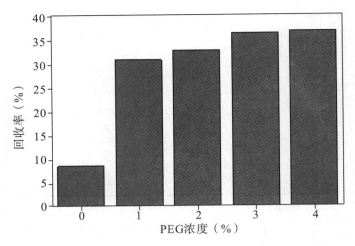

图 4-8　泥页岩滚动回收率试验

由图 4-8 可知，随着 PEG 加量的增大，其抑制泥页岩水化分散的能力逐渐增强。但当 PEG 的浓度增加到 3% 左右时，随着浓度的再增加，其抑制效果变化趋于稳定，所以确定 PEG 加量在 3%~4% 之间。选用 PEG，除了考虑其良好的抑制性，还因其具有良好的润滑性能：当 PEG 浓度为 2% 时，降摩阻的效果优于添加 5% 的原油；浓度为 3% 时，钻井液的润滑系数降低率可降低 80%。当钻速很快时，PEG 能够在钻头的表面形成一层致密的憎水性薄膜，阻止亲水性钻屑在钻头的表面进行吸附，以起到防止和消除钻头泥包的作用，这已被大量试验所证实。PEG 的配伍性好，毒性极低，钻井工程排放的 PEG 很快会在微生物的作用下被降解为 H_2O 和 CO_2 等小分子物质。

4. 复配有机盐

在以 PEG 为主抑制剂的同时，于体系中加入有机盐，形成复合抑制剂，能有效强化水基钻井液的抑制能力，同时提高液相密度，使钻井液体系塑性黏度低、结构强度适当，易于调控。

表 4-8 列出了用清水和 40% 甲酸钾溶液配制 1 方密度为 2.20 g/cm^3 的溶液所需重晶石的质量。

表 4-8　有机盐加重使用量数据表

试验组	密度 （g/cm³）	每方溶液密度加重至 2.20 g/cm³所需重晶石质量（kg）
清水	1.0	2520
40%甲酸钾溶液	1.35	1867

对比表 4-8 中数据可以看出，理论上，同样配制 1 方密度为 2.20 g/cm³的溶液，40%甲酸钾溶液与清水相比可以减少约 26%重晶石的用量。

与钾聚磺钻井液体系相比，含有有机盐的钻井液体系可以在同等密度条件下降低固体加重剂的加量，从而降低体系整体的固相含量，进一步降低体系的塑性黏度，使体系的流变性更易于调控。

（三）润滑剂优选

大多数情况下，水基钻井液的摩阻系数维持在 0.20 左右即可满足钻井施工要求。但对大斜度井、大位移井尤其是水平井等要求使用高密度钻井液的情况，对钻井液润滑剂的性能要求更高。因为高密度钻井液的固相含量高，固相颗粒经剪切循环和反复碰撞破碎，更易形成亚微米级颗粒，使比表面积增大，从而造成摩擦阻力增大，此时要求钻井液的摩阻系数应尽可能保持在 0.08~0.10 之间。除油基钻井液外，其他类型钻井液的润滑性很难满足上述要求。但通过添加油品或有效的润滑剂，可以改善水基钻井液的润滑性能，使其摩阻系数降到 0.10 以下，以满足水平井的施工要求。

针对部分井建设方提出的使用不含石油烃类润滑剂的要求，M1 页岩气水基钻井液体系选用了纯的抗高温、抗盐脂肪烃类润滑剂，其基础性能见表 4-9。同时配合高效环保乳化剂，形成了体系相间的润滑特性，在满足不含石油烃类润滑剂的前提下，其润滑性能也可得到保证。

表 4-9　脂肪烃类润滑剂的基础性能

性能	结果	备注
清水中起泡率	5%	2%加量
饱和盐水中起泡率	3%	2%加量
发光细菌 EC50 值	>25000	2%加量
清水中极压润滑系数	0.07164	2%加量
饱和盐水中极压润滑系数	0.09541	2%加量

性能	结果	备注
膨润土浆中极压润滑系数	0.1101	2%加量
密度为 2.40 g/cm³ 的钻井液的黏滞盘润滑系数	0.1674	2%加量
柴油在密度为 2.40 g/cm³ 的钻井液中的黏滞盘润滑系数	0.3303	2%加量，0.1%OP—10
白油在密度为 2.40 g/cm³ 的钻井液中的黏滞盘润滑系数	0.2764	2%加量，0.1%OP—10

二、RI 页岩气水基钻井液关键处理剂优选

（一）封堵剂优选

CN—W 区块龙马溪组岩石的宏观裂缝、微观裂纹较发育，微裂纹开度大于 5 μm，钻井过程中钻井液容易沿地层原始微裂缝及钻井诱导微裂缝侵入，导致页岩地层强度降低，坍塌压力增大，加剧井壁失稳。因此，增强封堵性是对 CN—W 区块页岩气水基钻井液的基本要求。目前，钻井液常用封堵材料为硬性的颗粒类材料或软性的沥青类材料，这两种材料均容易增加钻井液的黏切和内部摩擦力。

经过前期试验研究，本书在常规用封堵材料的基础上加入纳米类封堵材料和聚合醇，采用"软+硬+弹性"的封堵材料组合，在进一步增强钻井液封堵性的基础上降低封堵材料对钻井液流变性的影响。其中，纳米材料是一种采用微乳液封堵原理，引入微乳液液滴以及纳米材料作为充填粒子的材料，其可大幅降低泥饼渗透率，封堵地层微孔隙与微裂缝。利用多种处理剂配合，在钻井液体系中形成微乳液液滴，利用微乳液液滴的贾敏效应，封堵泥饼、地层的微孔隙与微裂缝，以有效降低渗透率。纳米材料作为最后一级充填粒子，在泥饼的形成过程中可进一步降低泥饼的渗透率，并且有效封堵地层的微孔隙与微裂缝。

试验采用三种纳米类封堵材料 A、B、C 与聚合醇、沥青类封堵剂配伍，通过流变性及高温高压滤失试验对封堵材料进行筛选。

试验用钻井液配方如下：

1#：2% 土浆 + 0.3% NaOH + 1.5% PAC—LV + 8% SMP—3 + 3% RSTF+1%400 目超细碳酸钙+1%800 目超细碳酸钙+1%1200 目超细碳酸钙+3%沥青类封堵剂+加重剂。

2#：2％土浆＋0.3％NaOH＋1.5％PAC－LV＋8％SMP－3＋3％RSTF＋1％纳米类封堵材料A＋1％聚合醇＋3％沥青类封堵剂＋加重剂。

3#：2％土浆＋0.3％NaOH＋1.5％PAC－LV＋8％SMP－3＋3％RSTF＋1％纳米类封堵材料B＋1％聚合醇＋3％沥青类封堵剂＋加重剂。

4#：2％土浆＋0.3％NaOH＋1.5％PAC－LV＋8％SMP－3＋3％RSTF＋1％纳米类封堵材料C＋1％聚合醇＋3％沥青类封堵剂＋加重剂。

试验分别测定了上述四种不同钻井液配方在热滚前后的性能，结果见表4－10。

表4－10　性能测试结果

编号	测试条件	密度 （g/cm³）	AV （mPa・s）	PV （mPa・s）	YP （Pa）	GEL （Pa/Pa）	FL_{API} （mL）	FL_{HTHP} （mL/mm）
1#	16 h，150℃	2.1	42	37	4.80	1.5/5.5	3.2	10.6
2#	16 h，150℃	2.1	52	44	7.68	2.5/6.0	2.6	8.8
3#	16 h，150℃	2.1	38	34	3.84	1.5/4.0	0.8	3.4
4#	16 h，150℃	2.1	50	44	5.76	1.5/7.0	1.2	5.4

注：钻井液流变性能测试温度为50℃。

通过150℃热滚试验对纳米类封堵材料A、B、C进行筛选，纳米类封堵材料B具有良好的封堵性能，与沥青类封堵剂和聚合醇等材料配伍对钻井液流变性能影响最小，且中压、高温高压滤失量较小。

（二）抑制剂优选

前期对CN—W区块页岩气井井壁失稳垮塌机理进行的研究发现，CN区块龙马溪组页岩属硬脆型页岩，该区块页岩黏土矿物（以伊利石为主）含量低于40％，因此使用的钻井液须有较好的抑制性能。

目前，钻井液用抑制剂常见的有无机盐类、有机盐类、聚醚多元醇、聚胺类，这些抑制剂的作用机理是插层抑制，主要是通过钾离子、季铵离子以及胺基插入黏土晶层，阻止水分子进入，从而抑制黏土矿物的水化膨胀与分散。插层抑制剂虽然具有一定的抑制性能，但是遇到强水敏、易分散的地层时，仍然难以满足实际需要。在钻井过程中，钻井液体系抑制能力不足经常表现为井壁失稳垮塌，以及岩屑过度分散导致振动筛无法有效除去劣质固相，钻井液劣质固相含量快速增加，流变性能恶化。

疏水抑制剂CQ－SIA（以下简称CQ－SIA）是一种新型抑制剂，其作用机理不同于常用的插层抑制剂。CQ－SIA的抑制机理主要是通过引入疏水单体，在吸附于地层岩石或岩屑表面后，将表面润湿反转，阻止水进入岩石内部，从而实现抑制。本书采用膨润土造浆抑制性、滚动回收率等试验对CQ-SIA 的抑制性能进行评价。

1. 膨润土造浆抑制性试验

膨润土造浆抑制性试验是在膨润土浆中加入不同加量的抑制剂，通过观察抑制剂对钻井液流变性能与滤失造壁性能的影响，评价抑制剂的抑制效果。

试验步骤如下：在 6% 的膨润土浆中加入一定量的 CQ-SIA，高搅 10 min，装入老化罐，在 120℃下老化 16 h。取出老化后的钻井液，高搅 5 min 后测定钻井液的流变性与 API 滤失量。膨润土造浆抑制性试验结果见表 4-11。

表 4-11　膨润土造浆抑制性试验结果

序号	CQ-SIA 加量（%）	AV (mPa·s)	PV (mPa·s)	YP (Pa)	GEL (Pa/Pa)	FL_{API} (mL)
1	0	20.5	14	6.24	4.0/5.5	21
2	0.2	16.0	10	5.76	3.0/4.0	24
3	0.5	14.0	9	4.80	2.0/2.5	29
4	1.0	11.0	7	3.84	1.5/2.0	33

由表 4-11 可知，1% 加量的 CQ-SIA 使 6% 的膨润土浆的表观黏度下降了 46.34%，塑性黏度下降了 50.00%，初切下降了 62.50%，终切下降了 63.64%。1% 加量的 CQ-SIA 使膨润土浆的 API 滤失量提高了 57.14%。这表明，疏水抑制剂 CQ-SIA 对已经水化分散的膨润土浆具有较好的抑制作用。

2. 滚动回收率试验

泥页岩岩屑滚动回收率试验是评价钻井液体系或处理剂抑制性能的最常用方法，该试验通过比较泥页岩岩屑在钻井液体系或处理剂溶液中动态老化后的回收率来评价抑制能力的强弱。

在 350 mL 清水中，加入 50 g 泥页岩岩屑（6~10 目），再加入各种抑制剂，放置到老化罐中，在 150℃下滚动老化 16 h，过 40 目筛，筛余物在 105℃下烘干 8 h 后称重，计算滚动回收率。岩屑滚动回收率试验结果见表 4-12。

表 4-12　**岩屑滚动回收率试验结果**

配方	滚动回收率（%）
350 mL 清水	16.46%
350 mL 清水+1% CQ-SIA	93.24%
350 mL 清水+7% 氯化钾	23.52%
350 mL 清水+40% 甲酸钾	60.12%

注：岩屑为四川省广汉市松林泥页岩岩屑。

由表 4-12 可知，配方只有清水的岩屑滚动回收率仅为 16.46%，而加了 7% 氯化钾（插层抑制剂）的岩屑滚动回收率为 23.52%，加了 40% 甲酸钾的岩屑滚动回收率为 60.12%，仅加入 1% CQ-SIA 的岩屑滚动回收率为 93.24%。试验结果表明，CQ-SIA 在 150℃ 的环境温度下具有优异的抑制泥岩水化分散的能力。

（三）润滑剂优选

可用于页岩气水基钻井液的新型润滑剂 CQ-LSA 具有特定的基团与结构，能在亲水的钻具、地层或泥饼表面自组装地形成亲油膜，并且在钻井液体系内部自组装形成微液滴，在钻具与泥饼、地层的接触面上将原先的滑动摩擦转变为滚动摩擦，从而大幅降低摩阻（图 4-9）。本书通过黏附系数测定试验，对比评价 CQ-LSA 与常用润滑剂 RH-220、进口润滑剂 BARALUBE 的润滑性能，其测定试验结果见表 4-13。

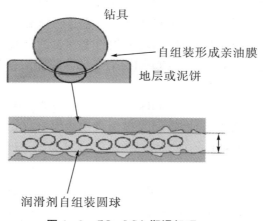

图 4-9　CQ-LSA 润滑机理

表 4-13 不同润滑剂的黏附系数测定试验结果

润滑剂	K_f
空白	0.1606
1%CQ-LSA	0.0507
1%RH-220	0.0845
1%BARALUBE	0.0803

由表 4-13 可知，CQ-LSA 具有优良的润滑性，其黏附系数可低至 0.0507。

（四）稳定剂优选

随着页岩气勘探开发的逐步进行，高温高压、大斜度、超长水平段页岩气井逐渐增多，导致在钻进过程中，工程作业人员遇到的技术难题增多、难度加大。特别是在高温高压、大斜度条件下，页岩气水基钻井液中的各种组分均会发生降解、增稠、胶凝、固化等变化，导致钻井液性能发生剧变，并且不易调整和控制，严重时将导致钻井作业无法正常进行。钻井液中的固相加重材料在重力作用下容易发生沉降，并引发井下漏失、卡钻、井控和固井作业困难等问题。因此，如何维持页岩气水基钻井液的稳定性能，是页岩气钻井液技术研究的重点。如聚合物类降滤失剂、磺化酚醛树脂和封堵材料的不同组合对高温高密度页岩气水基钻井液的稳定性影响显著。

本书通过 Grace M8500 装置，在 150℃、69 MPa、井斜角 80°的条件下对不同钻井液体系不同时间的沉降稳定性进行了研究。

1#：0.5%土浆+0.3%NaOH+0.5%聚合物降滤失剂 A+3.0%磺化酚醛树脂 A+1.0%防塌封堵剂+1.0%聚合醇+0.5%CQ-SIA+5.0%无机盐+0.8%纳米封堵剂+5.0%CQ-LSA+0.8%表面活性剂+重晶石（密度为 2.10 g/cm³）。

2#：0.5%土浆+0.3%NaOH+0.5%聚合物降滤失剂 B+3.0%磺化酚醛树脂 A+1.0%防塌封堵剂+1.0%聚合醇+0.5%CQ-SIA+5.0%无机盐+0.8%纳米封堵剂+5.0%CQ-LSA+0.8%表面活性剂+重晶石（密度为 2.10 g/cm³）。

3#：0.5%土浆+0.3%NaOH+0.5%聚合物降滤失剂 B+3.0%磺化酚醛树脂 B+1.0%防塌封堵剂+1.0%聚合醇+0.5%CQ-SIA+5.0%无机盐+0.8%纳米封堵剂+5.0%CQ-LSA+0.8%表面活性剂+重晶石（密度为 2.10 g/cm³）。

各钻井液体系不同时间的沉降稳定性评价试验结果见表4-14。

表4-14　沉降稳定性评价试验结果

钻井液体系	取样位置	0 h	16 h	32 h	48 h	72 h
1#	釜体内上部（g/cm³）	2.100	2.095	2.084	2.074	2.056
	釜体内下部（g/cm³）	2.100	2.102	2.115	2.119	2.133
2#	釜体内上部（g/cm³）	2.100	2.099	2.099	2.089	2.088
	釜体内下部（g/cm³）	2.100	2.100	2.101	2.109	2.110
3#	釜体内上部（g/cm³）	2.100	2.095	2.091	2.081	2.074
	釜体内下部（g/cm³）	2.100	2.102	2.109	2.115	2.121

由表4-14中数据可知，聚合物降滤失剂B+磺化酚醛树脂A的组合（2#）具有较好的抗高温稳定性，在150℃、69 MPa、井斜角80°的条件下，2#钻井液体系的稳定性最好。

第二节　M1、RI页岩气水基钻井液体系性能评价

M1页岩气水基钻井液体系采用近井壁封堵技术优化钻井液封堵能力，采用复合抑制技术加强钻井液的水化抑制能力，采用相间润滑技术提高钻井液润滑减阻性能。本书对该页岩气水基钻井液体系进行了水平井封堵性能、抑制性能、润滑性能、抗温性能等室内评价，确定了页岩气水平井水基钻井液特征性能的评价方法。

一、M1页岩气水基钻井液体系性能评价

（一）封堵性能评价

有效模拟页岩的微裂缝是评价钻井液封堵性能的难点之一。本书采用了针对性较强和重复性较高的常温常压砂床试验和高温高压（HTHP）页岩床模拟封堵试验对钻井液的封堵能力进行评价。

1. 常温常压砂床试验

将20~40目的石英砂装入便携式无渗透滤失仪（图4-10、图4-11）的可视杯至180 mL，再倒入250 mL钻井液。在0.69 MPa的压力下测试

四种钻井液体系在砂床中不同时间的侵入深度。试验结果见表 4—15。

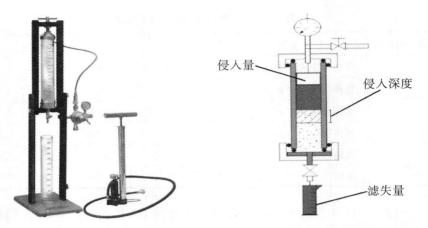

图 4—10　便携式无渗透滤失仪　　　图 4—11　便携式无渗透滤失仪示意图

表 4—15　钻井液在砂床中不同时间的侵入深度

钻井液类型	项目	1 min	7.5 min	15 min	30 min	累计
聚磺钻井液	FL（mL）	0	0	0	0	0
	侵入深度（mm）	18	2	0	0	20
聚合物钻井液	FL（mL）	0	0	0	0	0
	侵入深度（mm）	16	1	0	0	17
M1 页岩气水基钻井液	FL（mL）	0	0	0	0	0
	侵入深度（mm）	4.0	1.0	0.5	0	5.5
油基钻井液	FL（mL）	0	0	0	0	0
	侵入深度（mm）	4.0	0.5	0.5	0	5.0

　　注：聚磺钻井液和聚合物钻井液为长宁地区造斜段上部直井段中现场使用的水基钻井液，油基钻井液为长宁地区页岩水平段中使用的钻井液。

　　图 4—12 为四种钻井液体系在砂床中的侵入深度情况局部放大图。

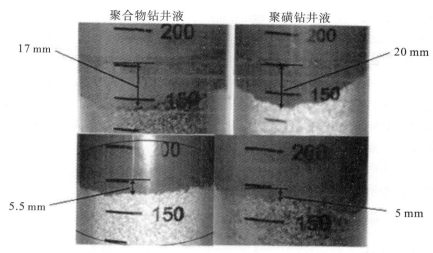

图4—12 四种钻井液体系在砂床中的侵入深度情况

在试验中，可能是由于在加压时液体表面受力不均匀或者在可视杯中装入石英砂时没有填实，而造成钻井液在砂床中的侵入速度不同。取最大和最小侵入深度的平均值作为钻井液在砂床中的最终侵入深度。由表4—15和图4—12可知，四种钻井液体系在0.69 MPa压力下、30 min时，在砂床中的浸入深度分别为20 mm、17 mm、5.5 mm、5 mm，滤失量均为0 mL，表明这四种钻井液体系都具有一定的封堵能力，但M1页岩气水基钻井液的封堵能力比聚磺钻井液和聚合物钻井液的强，而略弱于油基钻井液。

2. 高温高压（HTHP）页岩床模拟封堵试验

用高温高压失水仪，将30 g页岩岩屑（20～40目）和50 g页岩岩屑粉（60～100目）依次装入两端可开的釜体中，然后倒入钻井液，在3.5 MPa的压差下测试30.0 min内四种钻井液的滤失量，结果见表4—16。

表4—16 钻井液在高温高压（HTHP）页岩床中的滤失量

时间（min）	1.0	7.5	15.0	30.0	累计
FL_1（mL）	1.0	2.8	3.8	7.0	14.6
FL_2（mL）	0.4	2.4	1.8	3.2	7.8
FL_3（mL）	0	0	0	0	0
FL_4（mL）	0	0	0	0	0

注：FL_i（$i=1, 2, 3, 4$）为钻井液在温度为 120℃、压差为 3.5 MPa 的条件下在页岩床中的滤失量。FL_1 为聚合物钻井液，FL_2 为聚磺钻井液，FL_3 为 M1 页岩气水基钻井液，FL_4 为油基钻井液。

由表 4−16 可以看出，聚合物钻井液和聚磺钻井液在温度为 120℃、压差为 3.5 MPa 的条件下，滤失量分别为 14.6 mL 和 7.8 mL，而 M1 页岩气水基钻井液和油基钻井液的滤失量均为 0 mL。试验结果表明，M1 页岩气水基钻井液体系的封堵能力较强。

由上述试验结果可知，M1 页岩气水基钻井液的封堵能力明显强于聚合物钻井液和聚磺钻井液，略低于油基钻井液。

（二）抑制性能评价

下面将通过滚动回收率试验和线性膨胀试验对比评价 M1 页岩气水基钻井液和长宁页岩油基钻井液、造斜段上部直井段现场使用的聚磺钻井液、聚合物钻井液的抑制性能。

1. 滚动回收率试验

称取 50 g 室内制备的 6~10 目的页岩岩屑，在（105±3）℃的条件下烘干，待冷却至室温时分别加入装有聚磺钻井液、聚合物钻井液、油基钻井液和 M1 页岩气水基钻井液的老化釜体中，按照相关测试标准在（80±3）℃下热滚 16 h 后用 40 目筛回收，用清水冲洗干净后在（105±3）℃下烘 4 h，烘干后称重，分别计算得到其一次滚动回收率。再将回收的岩屑继续放入盛有 350 mL 清水的釜体中，在（80±3）℃下热滚 16 h 后用 40 目筛回收，用清水冲洗干净后在（105±3）℃下烘 4 h，烘干后称重，计算得到其二次滚动回收率。滚动回收率试验结果见表 4−17。

表 4−17　滚动回收率试验结果

钻井液类型	R_1	R_2
聚磺钻井液	63.98%	25.78%
聚合物钻井液	69.47%	58.30%
M1 页岩气水基钻井液	96.98%	95.40%
油基钻井液	98.20%	97.60%

分析表 4−17 中数据可知，M1 页岩气水基钻井液的一次、二次滚动回收率都在 95% 以上，远远高于聚合物钻井液和聚磺钻井液，略差于油基钻井液，可见 M1 页岩气水基钻井液具有较强的抑制性能。

2. 线性膨胀试验

采用页岩线性膨胀仪，对比页岩岩样在清水、聚磺钻井液、聚合物钻井液、M1 页岩气水基钻井液和油基钻井液滤液中的线性膨胀率，进而对比评价研制的 M1 页岩气水基钻井液抑制页岩水化的能力。具体的试验步骤如下：

（1）取（4±0.01)g 过 200 目的页岩粉，在 105℃下烘 4 h，烘干后取出冷却并装入圆柱形试样筒。将页岩粉抹平并在其上下各垫一层滤纸。

（2）把试样筒放在 PM10 型压力机上用 11 MPa 压力将页岩粉压实，保持压力稳定 10 min。

（3）卸去压力，取出压制好的小岩心，用游标卡尺多次测量小岩心的长度，取其平均长度视为试样的最终长度。

（4）把小岩心放入测量筒内，旋紧筒底座并将测量筒安装在膨胀仪上。

（5）将装好小岩心的测量筒安装到主机的两根连杆中间，放正。把测杆（孔盘）放入测量筒内，使之与小岩心紧密接触，然后将测杆上端插入传感器中心孔，调整中心杆上的调节螺母，使数字表显示为 0.00。在几个钻井液杯中分别加入上述几种钻井液的滤液及清水，其加量必须淹没测量筒。

（6）接通主机电源，启动记录仪电源，预热 30 min。待温度和压力达到试验所需条件时，开始计时并记录不同时间段内试样的膨胀量。

（7）按式（4-2）计算膨胀率（V_H），并绘制页岩线性膨胀率曲线，如图 4-13 所示。

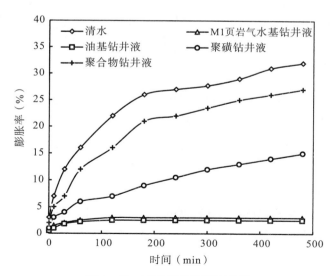

图 4-13　页岩线性膨胀率曲线

$$V_H = \frac{R_t}{H} \times 100\%\qquad\qquad(4-2)$$

式中：R_t——t 时刻试样的膨胀量，mm；

　　　H——试样的初始高度，mm。

（8）仪器工作 8 h 后关闭电源，拆下测量筒、测杆，清洗干净并烘干，收存备用。

由图 4—13 可以看出，在 2 h 内，试样在清水和聚合物钻井液中的膨胀率较大，在 M1 页岩气水基钻井液中的膨胀率小于聚磺钻井液而略大于油基钻井液，经过 5 h 后，试样的膨胀率趋于稳定状态。由线性膨胀试验得出的结论也验证了由滚动回收率试验得出的结论，即 M1 页岩气水基钻井液的抑制性能好于聚合物钻井液和聚磺钻井液，而略差于油基钻井液。

（三）润滑性能评价

钻井液的润滑性能采用黏附系数测定仪和黏滞系数测定仪以及极压润滑仪来测试评价。

对聚磺钻井液、聚合物钻井液、M1 页岩气水基钻井液和油基钻井液进行同等条件下的极压润滑系数、黏附系数和黏滞系数测定，结果见表 4—18。

表 4—18　润滑性能评价试验结果

钻井液类型	EP	K_f	K_m
聚磺钻井液	0.130	0.1648	0.1317
聚合物钻井液	0.125	0.1521	0.1051
M1 页岩气水基钻井液	0.102	0.0850	0.0612
油基钻井液	0.080	—	0.0262

对比四种钻井液的润滑性能，M1 页岩气水基钻井液要优于聚磺钻井液和聚合物钻井液，略差于油基钻井液。

（四）抗温性能评价

1. 高温滚动试验

采用高温滚动试验测定三种密度的 M1 页岩气水基钻井液在不同温度下热滚后的性能变化，热滚时间为 16 h，试验结果见表 4—19。

表4-19　高温滚动试验结果

热滚温度 （℃）	ρ （g/cm³）	AV （mPa·s）	PV （Pa）	YP （Pa）	$\Phi6$	GEL （Pa/Pa）	FL_{HTHP} （mL）
100	1.80	29	22	6.72	7	2/7	3.6
	2.00	34	26	7.68	7	2.5/8.5	3.6
	2.20	43	33	9.60	8	3/9	3.4
120	1.80	28.5	21	7.20	8	2/7	3.4
	2.00	33	24.5	8.16	7	1.5/7	3.8
	2.20	41	32	8.64	8	2/7	3.6
150	1.80	27	22	4.80	6	1.5/6	3.8
	2.00	37	26	10.56	7	2/7	3.6
	2.20	43	34	8.64	8	2.5/8	3.4

由表4-19中试验数据可以看出，M1页岩气水基钻井液具有良好的抗温性，在不同温度下热滚后各项性能基本无变化，能很好地满足中深井钻进的需要。

2. 高温高压流变性测试试验

采用高温高压流变仪对不同温度及压力条件下的M1页岩气水基钻井液体系的流变稳定性进行测试，结果如图4-14、图4-15所示。

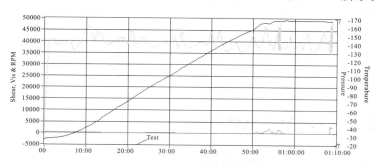

图4-14　M1页岩气水基钻井液130℃时流变性测试曲线

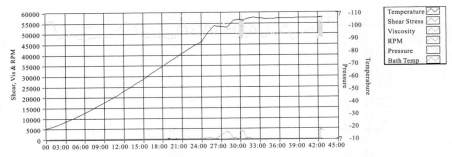

图 4−15 M1 页岩气水基钻井液 110℃时流变性测试曲线

由图 4−14、图 4−15 可以看出，不同密度的 M1 页岩气水基钻井液在不同的温度条件下，切力变化幅度小，说明其具有良好的高温稳定性。

3. 高温高压沉降稳定性测试试验

为了进一步考查 M1 页岩气水基钻井液在井下高温静止状态的稳定性，使用沉降仪模拟井下条件，在 130℃、69 MPa 条件下进行测试，试验结果见表 4−20。

表 4−20 高温高压沉降稳定性测试试验结果

取样位置	0 h	16 h	32 h	48 h	72 h
釜体内上部（g/cm³）	2.10	2.093	2.091	2.080	2.075
釜体内下部（g/cm³）	2.10	2.102	2.111	2.114	2.125

由表 4−20 中数据可以看出，M1 页岩气水基钻井液在高温高压下静止 72 h 后，釜体内上部、下部的密度只有细微变化，由此说明其具有很好的稳定性。

二、RI 页岩气水基钻井液体系性能评价

采用强封堵页岩气钻井液、油基钻井液与 RI 页岩气水基钻井液进行流变性（见表 4−21）、抑制性、封堵性、高温沉降稳定性等评价，并做对比分析。

表 4-21　钻井液流变性评价试验结果

钻井液类型	状态	ρ (g/cm³)	Φ6/Φ3	AV (mPa·s)	PV (mPa·s)	YP (Pa)	GEL (Pa)	API (mL)	FL_{HTHP} (mL)
强封堵页岩气钻井液	150℃ × 16 h 滚后	2.1	5/4	55	49.0	5.76	3.5/8	1.2	4.4
RI 页岩气水基钻井液	150℃ × 16 h 滚后	2.1	3/2	41	37.0	3.84	2/6	1.0	3.6
油基钻井液	150℃ × 16 h 滚后	2.1	2/1	46	32.5	3.36	2/5	0.1	0.6

（1）强封堵页岩气钻井液配方：1%～3%土浆＋0.1%～0.3%NaOH＋0.01%～0.03%KPAM＋4%～6%SMP-2＋4%～6%RSTF＋4%～5%防塌润滑剂＋0.5%～1.0%除硫剂＋3.0%滤饼改善剂＋7%KCl＋1%封堵粒子（825 目）＋1%封堵粒子（1250 目）＋1%封堵粒子（2500 目）＋加重剂（按密度需要添加）。

（2）RI 页岩气水基钻井液配方：0.1%～0.4%土浆＋0.1%～0.3%NaOH＋0.5%～0.8%聚合物降滤失剂＋3.0%～5.0%磺化酚醛树脂SMP＋1.0%～3.0%防塌封堵剂＋1.0%～2.0%聚合醇＋0.5%～1.0%CQ-SIA＋5.0%～7.0%无机盐＋0.8%～1.6%纳米封堵剂＋3.0%～5.0%CQ-LSA＋0.8%～1.0%表面活性剂＋重晶石。

（一）封堵性能评价

CN—W 区块龙马溪组地层页岩压实程度高、结构紧密，但宏观裂缝、微裂缝都较发育，自然状态下微裂缝开度达 5 μm 以上。微裂缝的发育将破坏岩石的完整性、弱化原岩的力学性能。同时，为钻井过程中钻井液进入地层提供了通道。因此，无论水基钻井液还是油基钻井液，进入裂缝系统都将降低岩石间的摩擦力和内聚强度，不利于井壁稳定。要保持钻井液具有较强的封堵性能以及失水控制能力，最大限度地避免钻井液沿裂缝或裂纹侵入地层是关键。

采用封堵性能评价试验（PPA）、高温高压（HTHP）渗透失水试验、高温高压（HTHP）砂床滤失量试验、高温高压（HTHP）砂床渗透失水试验评价钻井液的封堵性能。在 150℃、3.5 MPa 压差下进行钻井液封堵性能评价试验（PPA），结果见表 4-22。

表 4-22　钻井液封堵性能评价试验（PPA）结果

钻井液类型	PPA 封堵试验 1000 mD 滤板，150℃/mL
强封堵页岩气钻井液	0.6
RI 页岩气水基钻井液	0.1
油基钻井液	0

采用高温高压滤失量测定仪，测定钻井液高温高压滤失量（FL_{HTHP}）、高温高压渗透失水量（FL'_{HTHP}）、高温高压砂床滤失量（$FL_{砂床}$）和高温高压砂床渗透失水量（$FL'_{砂床}$）4 个指标，共同评价钻井液的封堵性能。前 2 个性能指标表示钻井液外泥饼渗透性的高低，后 2 个性能指标表示钻井液在近井筒地层中形成的内泥饼渗透性的高低。其中，高温高压滤失量按相关国家标准进行测定。

高温高压渗透失水试验操作步骤：测完高温高压滤失量后，小心倒出加温罐中的钻井液，再在加温罐中加入 90℃ 热水，在高温高压（3.5 MPa）下测定 0 min、5 min、7.5 min、15 min、30 min 时的滤失量。

高温高压砂床滤失量试验操作步骤：将过 150 g 一定目数标准筛的石英砂倒入加温罐中作为砂床，测定钻井液在 0 min、5 min、7.5 min、15 min、30 min 时的高温高压滤失量。

高温高压砂床渗透失水试验操作步骤：测完砂床滤失量后，倒出钻井液，加入清水，在高温高压下测 0 min、5 min、7.5 min、15 min、30 min 时的滤失量。试验结果见表 4-23。

表 4-23　钻井液封堵性能评价试验结果

钻井液类型	项目	0 min	5 min	7.5 min	15 min	30 min
强封堵页岩气钻井液	FL_{HTHP} （mL）	1.6	3.2	4.4	6.0	8.6
	$FL_{砂床}$ （mL）	2.4	4.6	8.0	10.4	13.2
RI 页岩气水基钻井液	FL_{HTHP} （mL）	0.2	1.0	2.2	4.3	6.6
	FL'_{HTHP} （mL）	0.2	0.8	1.0	2.6	4.8
	$FL_{砂床}$ （mL）	1.0	3.6	4.8	6.6	8.4
	$FL'_{砂床}$ （mL）	0.6	1.8	2.0	4.3	5.6

续表

钻井液类型	项目	0 min	5 min	7.5 min	15 min	30 min
油基钻井液	FL_{HTHP}（mL）	0.2	0.4	0.6	0.8	1.2
	FL'_{HTHP}（mL）	0	0	0.2	0.4	0.6
	$FL_{砂床}$（mL）	0.2	0.2	0.4	0.6	0.8
	$FL'_{砂床}$（mL）	0	0	0	0.2	0.6

通过试验我们可知，高温高压下 RI 页岩气水基钻井液的失水量均处于较低水平（与强封堵页岩气钻井液相比），说明其具有良好的封堵性能。

（二）抑制性能评价

钻井液及其处理剂抑制性能的室内评价方法有页岩滚动回收率法、高温高压线性膨胀法、体积膨胀法和比表面积法。前期研究表明：

（1）采用页岩滚动回收率法评价钻井液及其处理剂的抑制性能具有直观、与现场反馈资料相吻合的特点，用于评价各类处理剂及钻井液的抑制性能得到的结果间具有可比性。

（2）采用高温高压线性膨胀法能模拟现场温度及压力，试验条件更接近现场实际，且用于评价各类处理剂及钻井液的抑制性能得到的结果间具有可比性。

（3）采用体积膨胀法和比表面积法不仅操作烦琐，而且只能评价无机盐、非离子型小分子类处理剂的抑制性能。

根据前期工作基础，高温滚动回收率试验及高温高压线性膨胀率试验是评价页岩气水基钻井液较为准确的方法，然而前期试验均为单一被试试验，缺乏对比对象，难以准确评定页岩气水基钻井液的抑制性能。因此，本书采用清水及油基钻井液双重对比性试验对页岩气水基钻井液的抑制性能进行准确评价。

1. 高温滚动回收率试验

选用分散性更强的松林露头泥、页岩作为测试用岩屑，测定不同类型钻井液在 8 h 时的滚动回收率，试验结果见表 4-24。

表 4-24　高温滚动回收率试验结果

组合配方	回收重量（g）	回收率（150℃）（%）
350 mL 清水+50 g 岩屑	8.23	16.46

续表

组合配方	回收重量（g）	回收率（150℃）（%）
350 mL 强封堵页岩气钻井液＋50 g 岩屑	44.28	88.56
350 mL RI 页岩气水基钻井液＋50 g 岩屑	49.60	99.20
350 mL 油基钻井液＋50 g 岩屑	49.74	99.48

由表 4-24 中数据可以看出，相比强封堵页岩气钻井液的回收率88.56%，RI 页岩气水基钻井液的回收率为 99.20%，接近于油基钻井液的回收率 99.48%。

2. 高温高压线性膨胀率试验

选用分散性更强的松林露头泥、页岩作为测试用岩屑，测定不同类型钻井液在 0 h、0.25 h、0.5 h、1 h、2 h、4 h、8 h时的膨胀率，试验结果见表 4-25。

表 4-25　高温高压线性膨胀率试验结果

钻井液类型	膨胀率（%）						
	0 h	0.25 h	0.5 h	1 h	2 h	4 h	8 h
清水	0	15.3	17.0	20.3	27.1	32.2	33.9
强封堵页岩气钻井液	0	1.5	3.2	4.5	6.7	8.3	10.8
RI 页岩气水基钻井液	0	0.5	0.7	0.9	1.1	1.3	1.9
油基钻井液	0	0	0	0	0	0.9	0.9

由表 4-25 中数据可以看出，相比强封堵页岩气钻井液，RI 页岩气水基钻井液在 8 h 时的膨胀率仅为 1.9%。

3. 粒径分析试验

采用激光粒度仪，对 CNH25-8 井入井第 1 天、第 9 天、第 19 天、第 40 天的 RI 页岩气水基钻井液进行粒度分析，结果如图 4-16 所示。

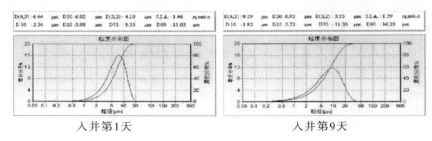

入井第1天　　　　　　　　　　　入井第9天

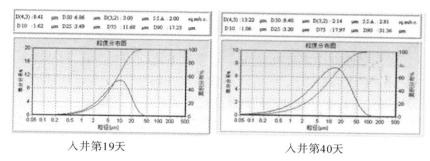

入井第19天　　　　　　　　　　入井第40天

图 4－16　不同时间 RI 页岩气水基钻井液取样粒度分析图

由图 4－16 可以看出，RI 页岩气水基钻井液的颗粒粒度中值 D50 呈增加趋势，但粒径在 5 μm 以下的固相总量却没有增加。由此可以说明，RI 页岩气水基钻井液具有良好的抑制性能，对降低劣质固相在其中的水化分散程度效果较好。

（三）润滑性能评价

前期现场试验中，CNH13－2 井和 H13－3 井在钻进过程中出现井漏情况，H9－4 井出现通井遇阻及下套管遇阻情况。油基钻井液平均机械钻速高于水基钻井液，钻井周期低于水基钻井液，因此，需要针对页岩气水基钻井液的润滑性能做进一步研究。本书通过黏滞系数测定仪及黏附系数测定仪对不同类型的钻井液的润滑性能进行评价、对比。试验结果见表 4－26。

表 4－26　钻井液润滑性能评价试验结果

钻井液类型	K_f（黏附系数）	K_m（泥饼黏滞系数）
聚磺钻井液	0.1848	0.1317
聚合物钻井液	0.1721	0.1051
强封堵页岩气钻井液	0.1532	0.0877
RI 页岩气水基钻井液	0.1146	0.0612
油基钻井液	0.0732	0.0437

由表 4－26 中数据可以看出，强封堵页岩气钻井液的润滑性能优于聚磺钻井液及聚合物钻井液，RI 页岩气水基钻井液的润滑性能与其他非油基钻井液相比具有明显优势，说明该钻井液具有良好的润滑性，但与油基钻井液相比还存在一定差距。

（四）稳定性能评价

CNH25 平台设计井深 4350 m，水平段平均长 1500 m，四开裸眼井段长 3000 m，最大井斜 104.07°，水平段平均井斜 99°～100°，针对页岩气长水平段裸眼钻井技术，钻井液的沉降稳定性关系着井下安全生产。

本书使用 M8500 沉降仪模拟井下条件，研究钻井液在井下高温静止状态下的稳定性。在 150℃、69 MPa、井斜角为 80°的条件下进行试验，结果见表 4—27。

表 4—27 钻井液稳定性能评价试验结果

钻井液类型	取样位置	密度（g/cm³）				
		0 h	16 h	32 h	48 h	72 h
强封堵页岩气钻井液	釜体内上部	2.10	2.093	2.091	2.080	2.075
	釜体内下部	2.10	2.102	2.111	2.114	2.125
RI 页岩气水基钻井液	釜体内上部	2.10	2.098	2.095	2.089	2.083
	釜体内下部	2.10	2.101	2.104	2.109	2.116

由表 4—27 中数据可以看出，强封堵页岩气钻井液在 72 h 时上、下部密度差为 0.05 g/cm³，而 RI 页岩气水基钻井液密度差为 0.033 g/cm³，其上、下部密度变化更小，说明该类钻井液具有很好的沉降稳定性。

第三节　M1 页岩气水基钻井液现场应用情况分析

将 M1 页岩气水基钻井液应用于川渝页岩气区块，现场施工结果证明，M1 页岩气水基钻井液体系性能良好，能够较好地控制造斜段的垮塌，润滑效果也比较好。

一、应用井总体情况

表 4—28 列出了区块推广应用井的基本情况，表 4—29 列出了区块推广应用井应用的钻井液的主要性能指标。

表4-28 推广应用井的基本情况

序号	井号	完钻钻井液密度（g/cm³）	完钻井底温度（℃）	完钻井深（m）	钻井液入井时间（h）	水基钻井液进尺（m）
1	W204H11-2	2.39	128	5200	1228	2109
2	W204H10-4	2.34	133	4880	600	1921
3	W204H10-5	2.36	135	5050	1256	2080
4	W204H10-6	2.36	132	5109	818	2099
5	CNH7-6	2.20	106	5450	413	3296
6	CNH5-2	1.99	102	4750	1286	2577
7	CNH5-3	2.01	110	4800	1498	3165
8	CNH5-4	2.05	104	5200	1608	3165
9	CNH5-5	2.08	98	5380	1772	3245

表4-29 钻井液的主要性能指标

区块	密度（g/cm³）	静切力（Pa）		FL_{HTHP}（mL）	K_f
		初切	终切		
CN	1.95~2.05	3.0~4.0	4.5~10.0	2.8~3.6（100℃）	0.0349~0.0524
W	2.00~2.25	1.5~4.0	6.5~20.0	2.4~4.2（130℃）	0.0437~0.0699

区块推广应用井实钻效果及区块应用情况见表4-30、表4-31。

表4-30 实钻效果统计表

井号	完钻钻井液性能					完钻电测几次成功	下套管时间（h）	水平段平均井径扩大率（%）	水平段机械钻速（m/h）
	密度（g/cm³）	黏度（mPa·s）	初切/终切（Pa）	FL_{HTHP}（mL）	K_f				
W204H11-2	2.39	67	3.0/15.0	4.0/110℃	0.06	未测	52	7.02	5.34
W204H10-4	2.34	90	2.5/15.0	4.4/110℃	0.04	一次	49.67	6.89	5.72
W204H10-5	2.36	98	3.0/14.0	4.2/110℃	0.05	未测	51.5	6.85	5.38
W204H10-6	2.36	68	3.0/14.0	4.6/110℃	0.04	未测	67.33	7.04	5.62
CNH7-6	2.20	81	1.5/12.0	4.0/100℃	0.05	一次	45	5.44	4.08
CNH5-2	1.99	53	1.5/12.0	4.8/100℃	0.06	一次	48.83	6.01	5.20
CNH5-3	2.01	51	1.0/10.0	4.4/100℃	0.09	一次	34.67	5.43	5.04

续表

井号	完钻钻井液性能					完钻电测几次成功	下套管时间（h）	水平段平均井径扩大率（%）	水平段机械钻速（m/h）
	密度（g/cm³）	黏度（mPa·s）	初切/终切（Pa）	FL_{HTHP}（mL）	K_f				
CNH5-4	2.05	49	1.0/11.0	3.8/100℃	0.08	一次	37.83	5.68	5.97
CNH5-5	2.08	53	1.0/8.0	3.8/100℃	0.08	一次	38.33	5.22	4.96

表 4-31　区块应用情况统计表

区块	W204 井区	CN
水平段平均机械钻速（m/h）	5.62	7.08
水平段钻井周期（d）	25.59	18.80
水平段井径扩大率（%）	6.89	5.43
使用井段（m）	3000~5200	2500~5000

由表 4-30、表 4-31 可以看出，页岩气水基钻井液可基本满足 CN—W 区块页岩气开发要求，与环境及常规技术工艺兼容性较好，污染小，后续处置费用低，应用效果明显。

二、分区块钻井时效统计

分区块对 2016—2017 年页岩气井的钻井时效进行统计、分析，结果如图 4-17 所示。

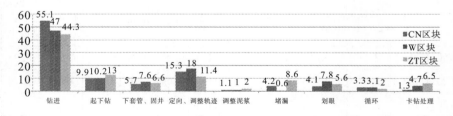

图 4-17　2016—2017 年各区块四开生产时效分析（%）

由图 4-17 可知，除正常钻进、起下钻、下套管、固井外，影响钻井周期的主要因素还有：

（1）CN 区块时效以定向及调整轨迹、堵漏为主；

（2）W 区块时效以定向及调整轨迹、划眼、处理卡钻为主。

三、现场试验井举例

在现场试验中，页岩气水平井应用水基钻井液性能优良、稳定，能满足井下安全的需要。以 CNH5-5 井为例，介绍现场试验情况。

（一）基本情况

1. 地理位置

CNH5 平台位于四川省宜宾市珙县境内，珙县地处四川宜宾南部，南与大雪山相连，西靠筠连县，东南、东北分别与兴文、长宁连界。珙县属山区县，地势南高北低，地形为狭长形。海拔在 310～1640 m 之间，层峦叠嶂，山脊多呈锯齿形、长岗状。丘陵和平坝面积小，以中低山地为主，平坝主要分布在巡场、上罗、洛亥等乡镇，主要有青山坝、大寨坝、海棠坝、麻糖坝、上罗坝、下罗坝、巡场坝等。

2. 地层情况

CN 区块背斜核部出露寒武系、志留系地层，两翼为二叠系—三叠系地层。CN 区块构造核部出露最老地层为下寒武系遇仙寺组地层，顶部区多出露二叠系。N1、N2、N3、N201、N203、N206、N208、N209、N210 井及邻区 GM1 井钻井资料揭示，从造斜段和水平段岩性为：

（1）梁山组：灰黑色页岩。

（2）韩家店组：灰色、绿灰泥岩，灰质泥岩夹绿灰、浅灰色泥质粉砂岩及褐灰色灰岩。顶部见黄绿色、灰黄色泥岩，上部为页岩夹灰岩，下部为粉砂岩夹页岩，底为灰绿色泥岩、灰质粉砂岩。根据 N201、N203、N208、N209、N210 井实钻资料，韩家店组厚 290～640 m（构造核部缺失）。

（3）石牛栏组：顶部为灰色灰质粉砂岩，上部为深灰色灰质页岩、页岩及灰色灰质泥岩夹灰色灰岩、泥质灰岩，中部为灰色灰岩，下部为灰色泥质灰岩。根据 N201、N203、N208、N209、N210 井实钻资料，石牛栏组厚 240～390 m（构造核部缺失）。

（4）龙马溪组：上部为灰色、深灰色页岩，下部为灰黑色、深灰色页岩互层，底部见深灰褐色生物灰岩。根据 N201、N203、N208、N209、N21井实钻资料，龙马溪组厚 150～320 m（构造核部缺失）。

3. 井深结构

图 4-18 为 CNH5-5 井身结构示意图。

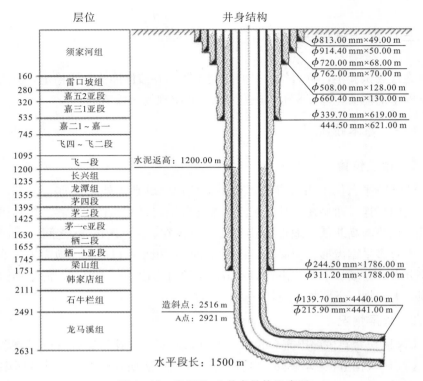

图 4-18　CNH5-5 井身结构示意图

（二）现场试验情况

在钻进过程中，对水基钻井液的特征性能进行评价，以确立钻井液维护处理的一般方法，确保钻井液性能优良，满足安全钻井的需要。

1. 封堵性能评价

（1）及时封堵和长效封堵试验。

及时封堵和长效封堵试验中，高温高压滤失量随时间的变化情况见表4-32。

表 4-32　高温高压滤失量随时间的变化情况

时间（min）	5	10	15	20	25	30	35	40	45	50
HTHP 滤失量实时数据（mL）	1.4	0.4	0.4	0.2	0.2	0.2	0.1	0.1	0	0
HTHP 滤失量累计数据（mL）	1.4	1.8	2.2	2.4	2.6	2.8	2.9	3.0	3.0	3.0

从表 4－32 可以看出，CNH5－5 井水基钻井液高温高压滤失量在 40 min 后为零，实现了很好的封堵效果。泥饼形成后，即使滤失介质替换成清水，也在 25 min 后实现了零滤失，达到了优良的长效封堵效果。

（2）泥饼渗透性试验。

使用堵漏仪，通过陶瓷滤片模拟井下地层孔隙，在一定温度、压力条件下测试陶瓷滤片上形成泥饼后滤液的渗入量，以考察水基钻井液的封堵能力。试验结果见表 4－33。

表 4－33　泥饼渗透性试验结果

井号	钻井液类型	测试温度（℃）	渗入量（mL）
CNH5－5 井	页岩气水基钻井液	100	11.2
龙岗	常规钾聚磺钻井液	120	25.6

由表 4－33 可知，页岩气水基钻井液的渗透率明显小于常规钾聚磺钻井液，说明在封堵能力上，页岩气水基钻井液远远强于常规钾聚磺钻井液。

（3）砂床渗透试验。

用高温高压失水仪做封堵试验。用 105 g 80～100 目的石英砂填入釜体的下部，压实后厚度为 0.91 cm，装入 300 mL 钻井液。只要没有钻井液漏出，就说明钻井液在该砂床的侵入深度小于 1 cm。试验结果见表 4－34。

表 4－34　砂床渗透试验结果

钻井液类型	漏失量（mL）			
	1 min	7.5 min	15 min	30 min
高密度油基钻井液	0	0	0	0
CNH5－5 井水基钻井液	0	0	0	0

由表 4－34 可知，采用近井壁封堵技术，页岩气水平井应用水基钻井液的封堵能力得到了强化，确保了页岩地层井壁的稳定。现场试验中，井壁稳定，返砂正常。

2. 抑制性能评价

（1）滚动回收率及线性膨胀率试验。

为了评价 CNH5－5 井钻井液的抑制性能，本书对其进行了页岩线性膨胀率试验和页岩岩屑滚动回收率试验。钻井液的抑制性能评价试验结果见表 4－35。

表 4-35 钻井液抑制性能评价试验结果

试验组类型	回收率（%）	膨胀率（%）
清水	83.20	3.37
7%氯化钾溶液	93.00	1.75
聚磺钻井液	91.00	1.22
油基钻井液	99.20	0
CNH5-5 井页岩气水基钻井液	96.00	0.31

CNH5-5 井滚动回收的岩屑如图 4-19 所示。

图 4-19 CNH5-5 井滚动回收的岩屑

由表 4-35 可知，页岩岩屑在页岩气水基钻井液中的滚动回收率均大于90%，说明页岩气水基钻井液的抑制能力较强。CNH5-5 井页岩气水基钻井液的抑制性能优于聚磺钻井液，略逊于油基钻井液。现场试验中，钻进期间返出的岩屑形态正常，棱角分明。

（2）浸泡试验。

将龙马溪组页岩露头岩样浸泡在钻井液中（90℃、3.5 MPa）静置30 d 后，观察到页岩完整性好，岩石强度无变化，无新增微裂缝。

3. 润滑性能评价

（1）泥饼黏滞系数测试。

测试 CNH5-5 井页岩气水基钻井液的泥饼黏滞系数以评价其润滑性能，结果见表 4-36。

表 4-36 泥饼黏滞系数测试结果

钻井液类型	泥饼黏滞系数
聚磺钻井液	0.16
油基钻井液	0.028
CNH5-5 井页岩气水基钻井液	0.09

由表 4-36 可知，CNH5-5 井页岩气水基钻井液的泥饼黏滞系数比聚磺钻井液的低，表明润滑性能良好。

（2）HTHP 滤饼韧性试验。

HTHP 滤饼薄而韧，经过反复多次折叠不会发生断裂和变形。现场试验中，水基钻井液润滑性能良好，定向时无拖压现象。水基钻井液的润滑性能优于常规聚磺钻井液，弱于油基钻井液。

4．抗温性能评价

对 CNH5-5 井水基钻井液进行高温高压流变仪测试，并得到相关曲线，如图 4-20 所示。由图可以看出，在一定温度及压力条件下，切力上升至一定值后稳定，没有发生高温增稠或高温变稀的现象。

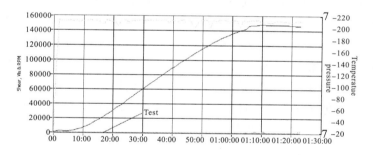

图 4-20 CNH5-5 井高温高压流变仪测试曲线

（三）钻井液维护处理措施

（1）为了适应斯伦贝谢旋转导向仪，在钻进过程中要不断优化井浆性能，避免定向仪器无信号。

（2）为了解决井眼轨迹不平滑的问题，可通过环保型润滑剂控制摩阻系数于 0.0437～0.0712 之间，这样可以有效减小钻进扭矩和起下钻摩阻以满足井下要求。

（3）为了防止发生井下垮塌事故，通过应用新型纳米级石蜡微乳液并结合改性沥青，对复杂地层进行即时封堵防塌，这样可以有效遏制地层的垮塌，保证井下施工安全。

（4）通过大量室内试验优化井浆性能，处理前均以小型试验作为指导，形成钻井液入井及维护档案。

四、分区块推广应用情况简介

（一）CN 区块应用情况

在 CN 区块应用优化、完善后的页岩气水基钻井液，技术成熟，现场应用效果明显，逐步规范和形成了区块技术模块，并结合工程、地质等专业形成了一套合理、有效的现场施工工艺。和油基钻井液相比，CN 区块使用页岩气水基钻井液后，平均机械钻速由 6.15 m/h 提高到 7.08 m/h，提高了 15.12%；水平段钻井周期由 20.5 d 下降到 17.36 d，下降了 15.31%；平均井径扩大率与油基钻井液相当。该区块累计完成进尺 3.73×10^4 m。

CN 区块页岩气井完钻井深 5000 m 左右，垂深 2500 m 左右，水平段长 1500 m 以上，井底温度为 100 ℃左右。

针对 CN 区块研发的页岩气水基钻井液在推广应用过程中取得的主要成果：①现场试验的井均钻进中正常，起下钻通畅，未发生一起与钻井液相关的卡钻事故，套管到位率达 100%；②研发出的页岩气水基钻井液与水泥浆有较好的兼容性，固井质量优质率高，很好地保证了井眼的完整性；③形成了固控设备使用要求及规范，达到了水平段钻进全程使用 200 目及以上筛布的净化水平，并向其他区块推广。此外，包括井深最深达到 5450 m，水平井段最长达到 2000 m，水平段机械钻速最快达到 10.56 m/h，最高井底温度为 114℃，井斜最大为 105.2°，狗腿度为 9.5°，水平段平均井径扩大率为 6.5%，一趟钻最长进尺为 1510.84 m，钻井液最大密度为 2.20 g/cm³，浸泡时间最长达 154 d，5000 m 井深，水平段长 1800 m，下套管时间仅为 34.67 h 等。

（二）W 区块应用情况

W 区块页岩气井完钻井深在 5200 m 左右，垂深 3500 m 左右，水平段长 1500 m 以上，井底温度为 130℃左右，有"密度高、温度高、润滑要求高、使用段长"等特点。W 区块应用改进、完善了的高密度高温度页岩气水基钻井液，不断突破技术瓶颈，应用过程中性能稳定、井下安全，通井、电测、下套管等作业顺利，实现了页岩气水基钻井液一体化完井作业，累计完成进尺 2.18×10⁴ m。现场应用与油基钻井液相比，平均机械钻速由 3.51 m/h 提高到 5.62 m/h，提高了 60.11％；水平段钻井周期由 39.93 d 下降到 25.59 d，下降了 35.91％；平均井径扩大率与油基钻井液相当。现场试验同样取得良好效果。

　　针对 W 区块研发的页岩气水基钻井液在推广应用过程中取得的主要成果：①研发并固化了密度大于 2.20 g/cm³ 的页岩气水基钻井液配制技术，摸索出一套高温高密度条件下保持体系稳定的操作工艺；②针对高密度条件下长水平段钻进劣质固相大量侵入对流变性的影响，提出复合抑制法，大幅提升了对抗温性、流变性的控制能力；③推广使用了抗温、抗盐环保脂类润滑剂，并提出相间润滑作用机理。此外，包括井深最深 5250 m，水平段最长 1520 m，井底温度最高达 130℃，一趟钻最长进尺达 1583 m，水平段平均井径扩大率为 6.89％，井斜最大达 94.96°，密度最大为 2.30 g/cm³ 等。

第四节　RI 页岩气水基钻井液现场应用情况分析

　　目前，RI 页岩气水基钻井液体系在 CNH25 平台成功应用。其中，CNH25-1 井应用井段为 2304～5008 m，最大井斜角为 87.6°。该井段钻井施工总时间为 2664 h，纯钻时间为 1200 h，平均机械钻速为 2.25 m/h，纯钻时间占施工总时间的 45.05％。CNH25-9 井应用井段为 2300～5300 m，其中水平段长 1500 m，最大井斜角为 103.50°，储层钻遇率达 100％。该井段钻井施工总时间为 1710 h，纯钻时间为 620.5 h，平均机械钻速为 4.83 m/h，纯钻时间占施工总时间的 36.29％。CNH25-8 井在四开钻完水泥塞（2271 m）后替入 RI 页岩气水基钻井液，水平段长 1500 m，纯钻时间为 698.2 h，应用井段为 2276～5350 m，裸眼井段长 3079 m，最大井斜角为 104.07°，水平段平均井斜 99°～100°，平均机械钻速为 4.64 m/h，超设计完成了地质及工程目标，起下钻、电测、下套管、固井作业顺利。CNH25-10 井水平段长 1500 m，最大井斜角为 103.33°，纯钻时间为 635.8 h，平均机械钻速为 4.73 m/h。在整个四开钻进过程中，疏水抑制水基钻井液性能稳定，抑制性强，润滑性能优异。钻进中未采用稠浆携砂及清扫液清扫井眼作业，井眼通畅，起下钻、电测、下套管作业顺利。其中，H25-1 井平均井径扩大率达 8.99％，H25-10 井平均井径扩大率达 9.45％。钻进期间，CNH25-1 井、CNH25-9 井、CNH25-8 井、CNH25-10 井的钻井液性能参数见表 4-37～表 4-40。

表 4-37 CNH25-1 井钻井液性能参数

井深 D (m)	ρ (g/cm³)	FV (s)	PV (mPa·s)	YP (Pa)	GEL (Pa/Pa)	K_m	FL_{HTHP} (mL)	井斜角 (°)
2304≤D<3016	1.44~1.95	42~44	15.0~25.0	5.5~8.0	1.0~1.5/3.0~4.5	0.0573	4.0~8.0	11.00~46.00
3016≤D<3850	1.95~2.03	48~55	32.0~44.0	5.5~13.5	1.0~2.5/6.0~18.0	0.0787	4.0~6.0	46.00~84.66
3850≤D<5008	2.08~2.10	50~65	41.0~56.0	8.0~15.0	1.5~3.5/13.0~20.0	0.0787	4.0~6.0	84.66~87.60

表 4-38 CNH25-9 井钻井液性能参数

井深 D (m)	ρ (g/cm³)	FV (s)	PV (mPa·s)	YP (Pa)	GEL (Pa/Pa)	K_m	FL_{HTHP} (mL)	井斜角 (°)
2300≤D<2800	1.44~1.95	42~44	15.0~25.0	5.5~8.0	1.0~1.5/3.0~4.5	0.0573	4.0~8.0	0.57~4.13
2800≤D<3750	1.95~2.08	47~54	32.0~44.0	5.5~10.5	1.0~2.5/4.0~15.0	0.0787	4.0~6.0	1.76~97.99
3750≤D<5300	2.01~2.03	50~65	41.0~56.0	8.0~13.0	1.5~2.5/10.0~18	0.0787	4.0~6.0	92.68~103.50

表 4-39　CNH25-8 井钻井液性能参数

井深 D (m)	ρ (g/cm³)	FV (s)	PV (mPa·s)	YP (Pa)	GEL (Pa/Pa)	K_m	FL_{HTHP} (mL)	井斜角 (°)
D=2276	1.49	42	20	8	1.0/3.0	0.0699	4.2	入井
2276<D≤2828	1.49~1.71	42~44	20~27	5.5~8.0	1.0~1.5/3.0~3.5	0.0573	3.0~4.4	直井段
2828<D≤3020	1.94~1.97	49~52	37~42	5.5~7.5	1.0~1.5/4.0~6.0	0.0573	3.0~3.6	0.92~33.53
3020<D≤3850	2.00~2.03	54~66	45~52	7.0~9.0	1.0~1.5/7.0~10.0	0.0573	3.0~6.8	33.53~104.00
2850<D≤5350	2.00~2.03	60~68	52~56	6.0~9.0	1.5/8.0~12.5	0.0573	3.0~3.8	96.54~104.00

表 4-40　CNH25-10 井钻井液性能参数

井深 D (m)	ρ (g/cm³)	FV (s)	PV (mPa·s)	YP (Pa)	GEL (Pa/Pa)	Kₘ	FL_HTHP (mL)	井斜角 (°)
D=3056	1.97	56	47	10	1.5/10.0	0.04630	6.4	38.91
3056<D≤3257	2.01~2.03	54~58	45~51	7~11	1.0~2.0/10.0~13.0	0.05220	4.8~5.2	40.03~40.64
3257<D≤4008	2.02~2.03	53~58	45~48	8~10	2.0~2.5/10.0~11.0	0.06358	4.8~5.2	40.64~98.88
4008<D≤4797	2.01~2.03	55~58	44~47	9~11	1.5~3.0/11.0~12.0	0.05891	4.8~5.0	98.88~101.40
4797<D≤5029	2.01~2.03	55~56	42~46	10~13	1.5~2.0/11.5~12.0	0.06422	4.8~6.0	101.40~101.25
5029<D≤5230	2.01~2.02	55~57	44~46	8~11	1.5~2.0/11.5~12.0	0.06634	4.8~6.0	101.25~101.51

第五章 页岩气油基钻井液体系性能评价 及现场应用情况分析

第一节 页岩气油基钻井液关键处理剂优选

一、乳化剂优选

油基钻井液是热力学不稳定体系，影响其稳定性的主要因素有乳化剂、外相黏度、内相性质及浓度、界面电荷和固体粉末等，其中最主要的是乳化剂。乳化剂分子作用力越强，膜强度越高，则乳状液越稳定；复合乳化剂比单一乳化剂形成的界面膜强度高。

对乳化剂进行优选的评价试验结果见表 5-1。

表 5-1 乳化剂优选评价试验结果

乳化剂		ρ (g/cm^3)	AV (mPa·s)	PV (mPa·s)	YP (Pa)	Φ6/Φ3	ES (V)
10%主乳	热滚前	1.4	41.0	28	13.0	15/13	419
	热滚后	1.4	40.5	30	10.5	10/8	942
9%主乳+ 1%辅乳	热滚前	1.4	32.0	21	11.0	11/10	1028
	热滚后	1.4	27.0	23	4.0	4/3	840

注：热滚条件为 150℃×16 h。

从表 5-1 中数据可以看出，10%主乳基本满足抗温能力，老化后黏度切力略有降低。9%主乳+1%辅乳老化后黏度切力有所下降，辅乳与主乳配伍性良好，老化前破乳电压大于 1000 V。

二、降滤失剂优选

川南龙马溪组页岩裂缝和层理发育，弱化了原岩的力学性能，为钻井过程中钻井液进入地层提供了通道。黏土矿物主要为伊利石和伊/蒙混层，很少含膨胀层。当浸于钻井液中时，泥页岩在外力的作用下极易沿微裂缝或层理面破坏，发生硬脆性页岩的破裂和剥落，导致井壁失稳。在钻井正压差以及毛管力的作用下，钻井液滤液沿裂缝或微裂缝侵入地层，可能诱发水力劈裂作用，加剧井壁地层岩石破碎。龙马溪组页岩属于混合润湿型，表现出既亲水又亲油的双亲特征，且亲油性非常强，钻井液特别是油基钻井液在正压差和毛管力的作用下进入近井壁地带，会使孔隙压力增加，加剧页岩的分散、剥落、垮塌。因此，油基钻井液应该具有较强的封堵性能以及失水控制能力，以最大限度地避免滤液沿裂缝或裂纹侵入地层，保持井壁稳定性。

室内对两种降滤失剂进行优选的评价试验结果见表5-2。

表5-2 降滤失剂优选评价试验结果

配方		ρ (g/cm³)	AV (mPa·s)	PV (mPa·s)	YP (Pa)	$\Phi6/\Phi3$	FL_{HTHP} (mL)	ES (V)
配方1	热滚前	1.4	41.0	28	13.0	15/13	5.6	19
	热滚后	1.4	40.5	30	10.5	10/8		948
配方2	热滚前	1.4	36.0	24	12.0	14/11	1.0	12
	热滚后	1.4	47.0	33	13.0	13/11		1202
配方3	热滚前	1.4	32.0	21	11.0	11/10	4.2	1034
	热滚后	1.4	27.0	23	4.0	4/3		822
配方4	热滚前	1.4	31.5	21	10.5	10/9	1.8	977
	热滚后	1.4	45.0	33	12.0	10/9		1039

注：1. 热滚条件为150℃×16 h，150℃测高温高压滤失量。

2. 配方1——基础油+10%主乳+3%有机土+CaCl₂溶液+5%降滤失剂1+5%CaO+重晶石；配方2——柴油+10%主乳+3%有机土+CaCl₂溶液+5%降滤失剂2+5%CaO+重晶石；配方3——柴油+9%主乳+1%辅乳+3%有机土+CaCl₂溶液+5%降滤失剂1+5%CaO+重晶石；配方4——柴油+9%主乳+1%辅乳+3%有机土+CaCl₂溶液+5%降滤失剂2+5%CaO+重晶石。

从表5-2中数据可以看出，使用了降滤失剂2的配方2和配方4的高温高压滤失量较低，老化前后体系性能稳定。

第二节 页岩气油基钻井液体系性能评价

川渝地区页岩气井用到的其中一种油基钻井液体系采用主乳和辅乳提高体系的热稳定性，优选降滤失剂提高体系的封堵能力，本节对该体系进行流变性能、封堵性能、抗温性能、抗盐水侵及不同油水比的评价实验，并与国外油基钻井液体系进行性能对比。

（一）流变性能和封堵性能评价

不同密度的油基钻井液性能评价结果见表5-3，由表可以看出，热滚前后，该油基钻井液都具有良好的流变性能和稳定性能。

表5-3 不同密度的油基钻井液性能评价结果

密度 (g/cm³)	热滚前/后	AV (mPa·s)	PV (mPa·s)	YP (Pa)	Φ6/Φ3	GEL (Pa/Pa)	FL_{HTHP} (mL)	ES (V)
1.85	热滚前	36.5	30	6.24	7/6	3.0/4.0	—	1090
	热滚后	37.5	32	5.28	6/5	2.5/4.0	1.0	860
2.00	热滚前	48.0	39	8.64	9/8	4.0/5.0	—	1139
	热滚后	47.0	39	7.68	9/8	4.0/5.0	1.3	1006
2.35	热滚前	96.5	84	12.00	12/10	5.0/6.0	—	1806
	热滚后	85.0	74	10.56	12/10	5.0/6.0	1.4	1090
2.50	热滚前	120.5	106	13.92	14/11	5.5/7.0	—	1125
	热滚后	135.5	123	12.00	12/9	4.5/6.0	1.4	1150

注：热滚条件为150℃×16 h。

从表5-3中数据可以看出，密度为2.50 g/cm³的油基钻井液的流变性能稳定，高温高压滤失量低，能够满足威远—长宁地区页岩气钻井的需要。

（二）抗温性能评价

不同老化时间下（16 h、72 h）油基钻井液的性能评价结果见表5-4。

表5-4　不同老化时间下油基钻井液的性能评价结果（密度：2.20 g/cm³）

热滚前/后	AV (mPa·s)	PV (mPa·s)	YP (Pa)	Φ6/Φ3	GEL (Pa/Pa)	ES (V)
热滚前	62	53	8.64	8/7	7/9	1317
热滚后（150℃×16 h）	60	52	7.68	8/7	7/8	1230
热滚后（150℃×72 h）	59	53	5.76	6/5	5/8	1052

从表5-4中数据可以看出，研制的油基钻井液体系连续热滚72 h后性能稳定，抗老化能力强。

不同温度下油基钻井液的性能评价结果见表5-5。

表5-5　不同温度下油基钻井液的性能评价结果（油水比为85：15）

配方	ρ (g/cm³)	AV (mPa·s)	PV (mPa·s)	YP (Pa)	Φ6/Φ3	ES (V)	备注
热滚前	2.45	88.5	77	11.04	10/8	1369	—
150℃热滚后	2.45	86.5	75	11.04	11/9	1341	无水无沉
180℃热滚后	2.45	92.0	81	10.56	10/8	1430	无水无沉
200℃热滚后	2.45	97.0	86	10.56	12/9	1474	无水无沉

注：热滚条件为150℃×16 h、180℃×16 h、200℃×16 h。

从表5-5中数据可以看出，该油基钻井液抗温能力可达200℃，能满足深层高温页岩气井的需求。

（三）抗盐水侵能力评价

不同比例盐水侵后油基钻井液性能的变化情况见表5-6。

表5-6　不同比例盐水侵后油基钻井液性能的变化情况（盐水体积/钻井液体积）

盐水加量 (%)	ρ (g/cm³)	AV (mPa·s)	PV (mPa·s)	YP (Pa)	Φ6/Φ3	ES (V)
0	2.45	71.0	68	2.88	5/4	1748
10	2.34	66.0	59	6.72	8/6	1533
20	2.22	71.0	60	10.56	10/8	1371
30	2.10	79.0	65	13.44	12/10	1131
40	1.99	89.0	71	17.28	14/11	917
50	1.88	102.5	81	20.64	16/13	741

续表

盐水加量 （%）	ρ （g/cm³）	AV （mPa·s）	PV （mPa·s）	YP （Pa）	$\Phi6/\Phi3$	ES （V）
60	1.76	123.5	97	25.44	19/14	662
70	1.64	—			25/20	484

从表5-6中数据可以看出，随着盐水加量的增加，该油基钻井液破乳电压逐渐下降，黏度逐渐增加；当盐水加量大于60%时，钻井液逐渐失去流动性。由表5-6可知，该油基钻井液抗盐水侵浓度为50%左右。

（四）不同油水比性能评价

不同油水比油基钻井液性能评价结果见表5-7。

表5-7 不同油水比油基钻井液性能评价结果（密度：2.10 g/cm³）

油水比	热滚前/后	AV （mPa·s）	PV （mPa·s）	YP （Pa）	$\Phi6/\Phi3$	GEL （Pa/Pa）	FL_{API} （mL）	FL_{HTHP} （mL）	ES （V）
90∶10	热滚前	52.0	46	5.76	7/6	5.5/6.0	—	—	776
	热滚后	54.0	47	6.72	7/6	6.0/7.0	0.5	1.0	1361
80∶20	热滚前	76.0	62	13.44	11/9	8.5/10.0	—	—	661
	热滚后	89.0	74	14.40	12/10	10.0/11.0	0	1.2	889
70∶30	热滚前	113.5	90	22.56	19/16	15.5/17.0	—	—	784
	热滚后	123.0	100	22.08	17/14	13.0/17.0	0.6	1.0	894

注：热滚条件为150℃×16 h。

从表5-7中数据可以看出，在一定油水比范围内（油水比为90∶10、80∶20、70∶30），该油基钻井液的流变性、封堵性和稳定性均良好。

（五）与国外油基钻井液对比

国外油基钻井液性能评价结果见表5-8。

表5-8 国外油基钻井液性能评价结果（密度：2.10 g/cm³）

公司名称	热滚前/后	AV （mPa·s）	PV （mPa·s）	YP （Pa）	$\Phi6/\Phi3$	GEL （Pa/Pa）	FL_{HTHP} （mL）	ES （V）
Baroid （油水比为 70∶30）	热滚前	68.5	60	8.16	6/4	—		646
	热滚后	88.0	74	13.44	12/10	6.0/10.0	0	682

续表

公司名称	热滚前/后	AV (mPa·s)	PV (mPa·s)	YP (Pa)	Φ6/Φ3	GEL (Pa/Pa)	FL_{HTHP} (mL)	ES (V)
MI （油水比为 85∶15）	热滚前	57.0	48	8.64	8/7	—	—	1533
	热滚后	61.5	53	8.16	7/6	3.5/5.0	1.0	1055
Baker （油水比为 85∶15）	热滚前	52.5	46	6.24	7/6	—	—	1600
	热滚后	51.5	46	5.28	6/5	3.0/4.0	1.4	1712
Petroking （油水比为 90∶10）	热滚前	64.5	52	12.00	12/10	—	—	1658
	热滚后	60.5	54	6.24	7/6	5.0/7.5	1.2	1309

注：热滚条件为150℃×16 h。

从表5-8中数据可以看出，该油基钻井液性能与国外油基钻井液的性能相当，但使用的处理剂的成本仅为国外油基钻井液的一半，性价比较高。

第三节　页岩气油基钻井液现场应用情况分析

一、应用井总体情况

将优化后的油基钻井液推广应用于川渝页岩气区块，各推广应用井的基本情况见表5-9。

表5-9　推广应用井的基本情况

序号	井号	垂深(m)	斜深(m)	井径扩大率(%)	水平段长(m)	应用进尺(m)
1	N209H35-2	3472.00	5200	3.15	1500	2762
2	N216H4-2	2449.04	4100	1.40	1200	2513
3	N216H4-3	2547.00	4000	6.40	1300	1685
4	N209H35-4	3472.00	5350	5.70	1650	2240
5	N216H4-1	2434.00	4180	2.50	1180	2520
6	CNH4-4	2854.74	4800	5.80	1500	3079

各推广应用井中的油基钻井液性能见表5-10。

表 5−10 推广应用井中的油基钻井液性能

序号	井号	ρ (g/cm³)	FV (s)	AV (mPa·s)	PV (mPa·s)	YP (Pa)	G_1 (Pa)	G_2 (Pa)	Φ6	FL_{HTHP} (mL)
1	N209H35−2	1.980	47	43.5	38	5.20	2.5	5.0	5	1.0
2	N216H4−2	2.000	57	49.0	40	8.64	5.0	9.0	9	2.0
3	N216H4−3	2.010	70	56.0	47	8.64	4.5	12.0	7	1.8
4	N209H35−4	2.025	71	52.0	45	6.72	4.0	7.0	6	2.0
5	N216H4−1	2.030	80	76.0	65	10.56	4.0	10.5	8	1.8
6	CNH4−4	2.100	56	44.0	38	5.76	2.0	4.0	5	3.0

现场施工结果证明，该页岩气油基钻井液性能良好，滤失量低，携岩能力强，钻井过程中井眼稳定，能够较好地控制井径扩大率。

二、现场试验井举例

在现场试验中，该油基钻井液性能优良、稳定，能满足井下安全生产的需要。下面将以 CNH4−4 井为例，介绍现场试验情况。

（一）基本情况

1. 地理位置

CNH4 平台位于四川省宜宾市珙县境内，距 CNH3 平台约 1.2 km。珙县地处四川省宜宾市南部，北距宜宾市城区 46 km，南与大雪山相连，距云南威信县城 69 km，西靠筠连县，东南、东北与兴文、长宁连界。

2. 区块已钻井复杂情况

嘉陵江组：

N3 井在井段 915.60～916.00 m 清水钻进中井漏，续钻至井深 918.30 m，放空至 919.80 m（放空 1.5 m³）。

N201−H1 井空气钻进至井段 46.00～48.00 m，地层产水 132.5 m³。用密度 1.01 g/cm³ 清水充气钻进至井段 114.00～116.00 m 发生水侵，产水 245.0 m³，停止充气出现井漏，累计漏失清水 180.0 m³、桥浆 400.5 m³、膨润土浆 41.6 m³、水泥浆 37.3 m³。

龙马溪组：

N201−H1 井用密度 1.30 g/cm³ 钻井液钻至井深 3447.17 m 处时上提钻

具遇卡，经处理未解卡，自井深 2150.00 m 处侧钻。用密度为 1.72 g/cm³ 的钻井液钻至井段 2486.50～2489.00 m、2599.50～2602.00 m 处时见气侵。

3. 井深结构

CNH4－4 井采用三开井身结构，如图 5－1 所示。

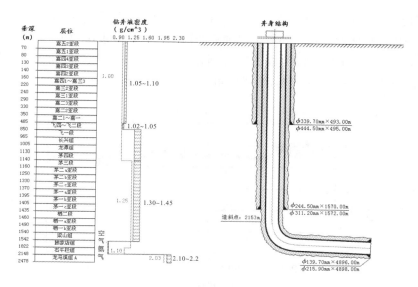

图 5－1　CNH4－4 井身结构

（二）现场试验情况

CNH4－4 井是平台第一口井，一开、二开采用水基钻井液钻进，韩家店组和石牛栏组采用空气钻进，造斜段和水平段采用自主研发的高密度白油基钻井液钻进，完钻井深达 4800 多米。CNH4－4 井从三开开始使用油基钻井液钻进，历时 36 d 完钻。CNH4－4 井油基钻井液性能见表 5－11。

表 5－11　CNH4－4 井油基钻井液性能

油水比	ρ (g/cm³)	漏斗黏度 (s)	AV (mPa·s)	PV (mPa·s)	YP (Pa)	Φ6/Φ3	GEL (Pa/Pa)	FL_{HTHP} (mL)	ES (V)
80∶20	2.10	55	54.5	45	9.12	4/3	2.0/3.0	5.0	800
80∶20	2.09	53	44.0	40	3.84	4/3	1.5/2.0	5.0	1010
80∶20	2.10	53	45.5	41	4.32	4/3	1.5/2.5	4.0	1010
80∶20	2.10	56	44.0	38	5.76	5/4	2.0/4.0	3.0	1100
80∶20	2.11	56	40.5	35	5.28	5/4	2.0/4.0	3.0	1300

油水比	ρ (g/cm³)	漏斗黏度 (s)	AV (mPa·s)	PV (mPa·s)	YP (Pa)	$\Phi6/\Phi3$	GEL (Pa/Pa)	FL_{HTHP} (mL)	ES (V)
80∶20	2.11	50	44.0	36	7.68	7/6	3.0/4.0	0.2	1350

由表5-11可知,油基钻井液在井下性能稳定,携岩能力强,滤失量接近0 mL,封堵性能强,井下未出现复杂情况,维护处理次数少。

CNH4-4井井径曲线如图5-2所示,平均井径扩大率为5.8%,井径规则,未出现井下漏失,电测一次到底,下套管顺利。

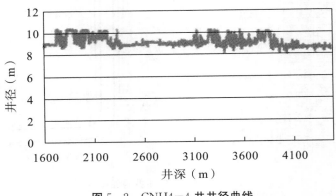

图5-2　CNH4-4井井径曲线

第四节　井下复杂情况与油基钻井液性能相关性分析

一、Z201H1-4井复杂情况分析

Z201H1-4井构造位于威远构造南翼,其地质导向模型与实钻投影图如图5-3所示。

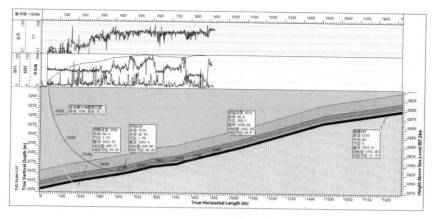

图 5－3　Z201H1－4 井地质导向模型与实钻投影图

该井于 2018 年 2 月 2 日开钻，2019 年 1 月 23 日完钻，设计井深 5307 m，水平段长 1500 m，为上倾井，采用近钻头伽马工具＋螺杆钻进，井深 4214.02 m 时发生卡钻，水平段长 484.02 m，位于 1 小层，井斜 98.6°，方位 359.7°。

（一）复杂情况统计

填眼侧钻：Z201H1－4 井中奥顶埋深比地震预测浅 61 m，无法正常入靶导致填眼。

第一次卡钻过程：2018 年 6 月 6 日采用斯伦贝谢旋转导向工具进行造斜段钻进，由于造斜段垂厚较薄（307 m），为入靶需有较高狗腿度，其狗腿度变化情况如图 5－4 所示。钻进至井深 3410.25 m、钻井液密度 2.24 g/cm³接立柱前，用起升电机低速倒划眼至 3392 m 时顶驱憋停，在 700~1200 kN 之间反复上提下放活动钻具和扭转钻具后解卡，后反复划眼至井眼通畅后接立柱。钻进至井深 3437.87 m 时顶驱憋停，上提至 1500 kN 不脱。由于钻具立柱快钻进完，钻具活动空间有限，循环钻井液带砂后接立柱，期间在 950~130 kN 之间反复活动钻具，接好单根后上提钻具至 140 kN 解除阻卡。

狗腿度变化（°）

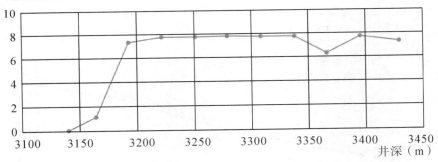

图5-4　Z201H1-4井狗腿度变化情况

第二次卡钻过程：采用1.5°弯螺杆进行造斜段钻进，至3474 m，钻井液密度达2.24 g/cm³，钻井过程中频繁发生卡钻，其卡钻情况统计见表5-12。振动筛处返出较大掉块（图5-5），通过反复上提下放方式解卡。

表5-12　第二次卡钻情况统计

序号	井深	卡钻情况
1	3474.03 m	倒划眼至井深3472.5 m时遇卡，泵压由29 MPa上升至35 MPa，顶驱憋停；在750~1200 kN（原悬重为1000 kN）之间和22 kN·m范围反复活动钻具解卡
2	3475.00 m	定向钻时变慢，上提钻具至1050 kN时泵压由29 MPa上升至36 MPa，转动顶驱憋停，在850~1400 kN（原悬重为1000 kN）之间和22 kN·m范围反复活动钻具解卡
3	3479.42 m	定向钻时变慢，上提钻具至1050 kN时泵压由29 MPa上升至33 MPa，转动顶驱憋停，在850~1400 kN（原悬重为1000 kN）之间和25 kN·m范围反复活动钻具解卡，解卡后倒划过程中出现憋停。倒划通畅后上提下放正常

图5-5　第二次卡钻返出掉块

第三次卡钻过程：2018年10月15日钻进至井深4214.02 m（A点

3730 m)，打完立柱循环恢复钻压后倒划眼至井深 4205.42 m 顶驱憋停（顶驱扭矩设置为 22 kN·m)，立压由 29.4 MPa 上升至 38.0 MPa，下放至悬重 750 kN 不脱（原悬重为 950 kN)。整个循环过程顶驱憋停，立压为 28~30 MPa，排量为 18~24 L/s（正常循环排量为 27 L/s)。采用震击器解卡，在 300~2800 kN 范围内上提下放活动钻具未解卡，累计上击 142 次，震击器力量减弱。钻井液服务公司对钻井液进行多次处理，但划眼过程中振动筛处仍不断有页岩返出。

（二）复杂情况分析

该井主要存在 3 次卡钻，主要为倒划眼时卡钻，井下返出岩屑较多，集中在龙一₂底部以及龙一₄中上部（图 5－6)。

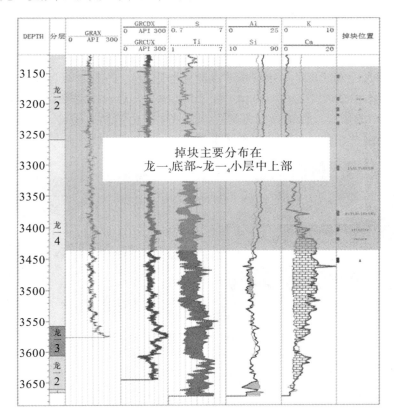

图 5－6　掉块集中位置

（1）造斜段从龙马溪组进入水平段时，因地层倾角变化大，狗腿度一直维持在 8°左右，水平段井眼轨迹起伏不定，在低凹处形成岩屑床。从掉块来看，均为大块的板状和块状剥落掉块。钻进、起下钻划眼过程中，极易卡钻，卡钻后常规处理释放全部悬重仍无法解卡，必须通过地面震击器高吨位震击解卡。

（2）龙马溪组地层存在微裂缝发育，且岩心质地较硬，掉块堆积在井底后，钻头无法快速将大掉块磨铣成小块状带出地面，造成进尺缓慢。

（3）发生硬卡后，高吨位震击效果不理想，同时会进一步造成井壁受外力作用而导致岩石结构破碎，进一步导致垮塌。

二、Z201H4－2 井复杂情况分析

Z201H4－2 井于 2018 年 1 月 12 日开钻，2019 年 2 月完钻，设计井深 5556 m，水平段长 1800 m。

（一）复杂情况统计

2018 年 4 月 21 日，对该井进行造斜段钻进，至井深 3744 m，地层为龙一$_1^1$，钻井液密度 2.25 g/cm^3 时，出现井壁失稳，振动筛返出掉块较大（图 5－7）的情况。掉块分析为龙一$_2$ 及龙一$_1^4$。由于钻进困难，现场多次进行起下钻通井作业，其通井划眼情况见表 5－13。

图 5－7　Z201H4－2 井通井过程中的掉块

表 5-13 Z201H4-2 井通井划眼情况

序号	时间	通井划眼情况
1	5月20日—5月25日	划眼至 3487 m，起钻检查（悬重由 105 t 下降至 54 t，泵压由 6 MPa 下降至 1.5 MPa，扭矩由 11 kN·m 下降至 0 kN·m，起钻检查 5 1/2 钻杆公扣距根部 2 cm 处断裂，断裂面整齐，钻具落井，落鱼 2875.355 m）—6:30 下公锥打捞（探鱼顶为 872.05 m，循环）—8:00 下压 30 t 造扣，造 5 扣，上提悬重增加，捞获落鱼，循环
2	5月26日—5月28日	下钻（钻具探伤）
3	5月29日—6月30日	下钻至 3345 m 遇阻，起钻换钻具组合通井
4	6月1日—6月7日	换牙轮钻头，以常规钻具组合通井，下钻至 3450 m 遇阻，不断划眼，打轻重塞举砂，不断有岩屑返出
5	6月8日—6月10日	换牙轮钻头下钻通井，下钻至 3370 m 遇阻，划眼过程中仍不断有岩屑排出，循环后起钻

卡钻事故：8 月 24 日 12:18 钻至井深 3672 m，地层为龙一$_1^2$，钻井液密度为 2.13 g/cm³，12:34 井底循环，排量为 33 L/s，泵压为 29 MPa，扭矩由 18 kN·m 下降至 14 kN·m；13:34 怠速倒划眼，准备接立柱（转速为 20 r/min，扭矩上限设定为 20 kN·m），倒划至 3671.17 m 时顶驱憋停，憋泵使压力由 30 MPa 上升至 34 MPa，悬重由 105 t 上升至 110 t，发生卡钻，卡钻时录井曲线如图 5-8 所示。采用震击器上击、下击，最高上体下放至悬重 200~2800 kN（原悬重为 1100 kN，其中上击 1017 次，下击 120 次，累计 1137 次），震击器失效。由于无法实现倒扣，决定采用干转钻具的方法将马达轴承烧死，干转 137 h 后尝试活动钻具，发现可以实现上提起钻，起出后发现马达本体壳体断开，马达芯子及剩余壳体仍遗留在井内，后进行填眼作业。

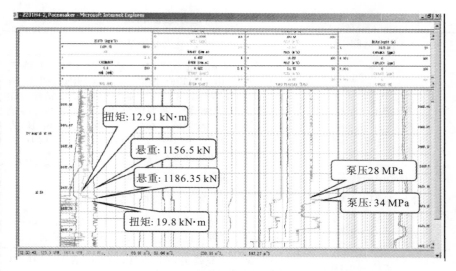

图 5-8　卡钻时录井曲线

（二）复杂情况分析

该井同样在龙一$_1^2$出现卡钻事故，划眼过程中仍然不断有岩屑排出，循环后起钻举砂仍无法解卡。分析掉块元素可知，掉块主要位于龙一$_2$亚段底部～龙一$_1^4$小层中上部，垂厚 30 m 左右范围内。后期开钻无法处理，最终导致填眼。

（1）钻进过程中一直存在井壁失稳现象，提高钻井液密度后仍无法有效避免井壁垮塌。初步分析认为，提高钻井液密度无法彻底解决井壁问题。

（2）龙二段～龙一$_2$亚段天然裂缝及揉皱变形构造发育，地层存在起伏，钻遇穿层时，井壁垮塌明显。

（3）卡钻时扭矩明显波动，短时间内即造成卡钻，现场的拉划井壁操作未能收到较好效果，不能及时解卡，导致后期处理愈发困难。

三、Z201H6-3 井复杂情况分析

Z201H6-3 井于 2018 年 2 月 20 日开钻，5 月 15 日四开钻至井深 4241 m（层位宝塔组）时，因Ⅰ类储层钻遇率低、井眼轨迹差填井。6 月 1 日自井深 3230 m 处进行侧钻，8 月 1 日钻至井深 5122 m 时，因钻遇断层井下情况复杂，提前完钻。9 月 4 日完井，水平段长 1272 m，其导向模型如图 5-9 所示。

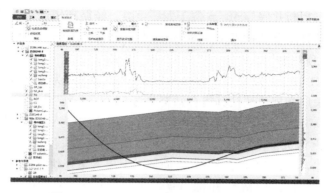

图 5-9　Z201H6-3 井（原井眼）导向模型

（一）复杂情况统计

地层提前回填：旋转导向造斜钻进至 3521.94 m 时，井斜 65.5°，现场判断进入龙一$_1^4$小层，要求以 7.5°/30m 狗腿造斜；钻至斜深 3577.25 m 时，判断轨迹已进入龙一$_1^1$小层，以 7.9°/30m 狗腿增斜调整轨迹。钻至斜深 3594.85 m 时，井斜 82°，判断进入宝塔组。实钻 A 点厚度为 242 m，共减薄 36 m，较修正厚度继续减薄 8 m，实钻 A 点深度提前 110 m。厚度变化主要出现在龙一$_1^2$和龙一$_1^3$小层，虽全力进行增斜，增斜率为 8.8°/30m，但由于增斜空间有限，仍钻穿箱体进入宝塔组。由于钻进过程中导向盲区大地层倾角局部变化大，致使轨迹调整频繁呈"W"形，钻具托压严重（滑动钻进摩阻达 50 t）。5 月 15 日钻至井深 4241 m 时，层位为宝塔组，龙一$_1^1$小层钻遇长度仅 96.3 m，钻遇率仅为 13.5%。由于存在掉块，现场通井下钻至 3531 m 时遇阻，划眼困难（憋停顶驱，6 h 下划 2 m）。若继续钻进，完井电测、下套管存在下放不到位的风险，正常完井难度较大，因此进行回填。

卡钻复杂：2018 年 6 月 1 日由井深 3230 m 处开始侧钻，6 月 21 日导向钻至井深 3850 m 着陆。7 月 25 日旋转导向钻至井深 5053 m 时，井下出现复杂情况（憋泵、憋顶驱、上提遇卡），接立柱困难，循环 10 min、上下活动钻具 4 次，停泵、停顶驱测斜后，上提遇卡、下放遇阻，活动最高阻卡吨位 25 t 未开，开泵开顶驱活动钻具，仍有挂卡显示，循环一周后接立柱继续钻进。

7 月 25 日 14：10 钻至井深 5056 m，扭矩由 10～20 kN·m 增至 10～28 kN·m，波动异常，憋顶驱严重，泵压由 27.5 MPa 增至 28.5 MPa。甩立柱进行循环，返出大量掉块，最大尺寸为 6.0 cm×5.2 cm×1.5 cm，

经元素分析，判断井底 5056 m 位于龙一$_1^4$层。经循环短起下、倒划眼等处理后，常规钻具组合试钻进至 5060 m（水平段长 1210 m），扭矩增至 22～25 kN·m，顶驱憋停。

7月25日18:10 发现井下复杂情况进一步加剧，为确保井下安全，清砂后下起钻采用常规单扶钻具组合钻至井深 5122 m，已钻水平段长 1272 m（设计为 1500 m），23:30 钻至井深 5060 m 时，扭矩为 22～25 kN·m，顶驱憋停，停止钻进。上下活动钻具，循环清砂，钻头位置在井深 5035 m 时，顶驱憋停，扭矩为 28 kN·m，循环时返出大量掉块。

7月28日15:50 钻至井深 5073 m，钻压为 80～100 kN，转速为 100 r/min，排量为 30 L/s，泵压为 27.2 MPa，扭矩为 10～22 kN·m，上提下放活动钻具，无异常，准备接立柱。停泵后，原悬重为 125 t，上提至 155 t 时遇卡，下放至原悬重 125 t，再次上提至 162 t 时提开。上提钻具至井深 5052 m 时，下放钻具至悬重 100 t，下放不到原井深 5073 m 处。开泵后，排量为 30 L/s，泵压为 27.2 MPa，扭矩为 10 kN·m，上提正常，下放不到原井深，下放遇阻，启动顶驱划眼（图 5-10）。继续钻至井深 5080 m 处，钻进过程中，转速为 100 r/min，排量为 30 L/s，憋扭矩最大至 30 kN·m，扭矩明显增大；停泵后，停顶驱上提钻具至 160 t，无法起出钻具。循环处理后起钻，由于钻进风险大，最后于 8月1日申请提前完钻。

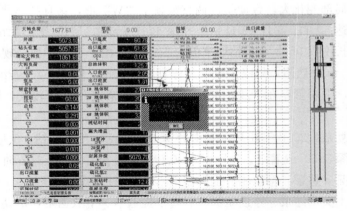

图 5-10　5073 m 处接立柱时录井曲线

（二）复杂情况分析

该井除地层提前导致回填侧钻外，在钻进中多次出现顶驱憋停、活动钻具遇阻等情况，经分析认为：

（1）该井最大狗腿度为（5.88°～8.84°）/30m（井段范围为 3310～3713 m），最大井斜角为 100.6°（4986 m）。分析实钻元素可知，在 4938 m 处由五峰直接进入龙一$_1^4$ 小层，结合地震资料分析，在 5100～5200 m 时可能钻遇断层，断距为 19 m。由于胶结面弱，井壁垮塌严重。

（2）井下产生掉块后，拉划井壁并长时间循环，可返出部分岩屑，但未从根本上控制井壁垮塌，同时岩屑床堆积，钻进扭矩增大且波动明显，严重影响了钻井时效。

四、Z201H5－6 井复杂情况分析

Z201H5－6 井 2018 年 5 月 28 日开钻，由贝克休斯公司承担旋转导向综合钻井技术服务（旋转导向工具、钻头、钻井液、地质导向），8 月 7 日钻进至井深 3380 m 着陆，8 月 18 日钻进至井深 3907 m（水平段长 527 m）时上提钻具遇卡，8 月 28 日解卡。该井从斜深 3366 m 处进入龙一$_1^1$ 小层，3380 m 入靶后至斜深 4113 m，共 5 次钻穿龙一$_1^1$ 小层，3 次钻入五峰组。地层整体趋势为下倾，存在局部起伏，地层倾角在上倾 3°到下倾 9°之间变化。Z201H5－6 井实钻地质导向模型如图 5－11 所示。

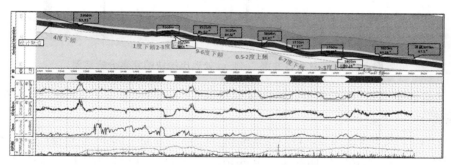

图 5－11　Z201H5－6 井实钻地质导向模型

（一）复杂情况统计

第一次卡钻：2018 年 8 月 7 日 13:30 用密度为 1.90 g/cm³ 的钻井液钻进至井深 3467.9 m，接立柱上提钻具时，井下扭矩异常，扭矩由 8～14 kN·m 上升至 25 kN·m，泵压由 23 MPa 上升至 24～26 MPa，划眼至 3446 m，恢复正常。期间返出零星片状掉块，最大尺寸为 5 cm×2 cm×0.5 cm。

8 月 8 日 04:30 现场将钻井液密度提至 1.95 g/cm³，14:00 用密度为

1.95 g/cm³的钻井液钻进至井深3544 m，接立柱上提钻具至3540 m时遇卡，钻具原悬重为98.5 t，过提8 t未开，扭矩异常升高并伴有憋泵现象，倒划眼至3530 m处，恢复正常，期间有掉块返出。随后循环短起至井深3472 m处遇阻卡，多次活动钻具未通过，倒划眼至3467 m，恢复正常。期间返出少量片状及块状掉块（图5-12），最大尺寸为5 cm×2 cm×1 cm，经元素分析可知，块状掉块属龙一$_2$小层，片状掉块属龙一$_1^4$及龙一$_1^1$小层。

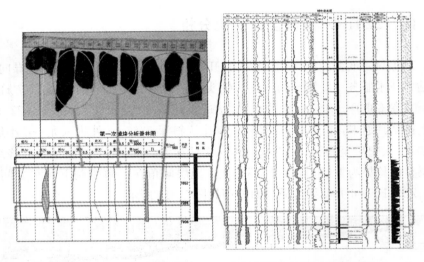

图5-12　8月8日井深3544 m处返出掉块的元素分析结果

8月10日，现场将钻井液密度提至1.99 g/cm³，至8月11日，逐步提密度至2.01 g/cm³。

第二次卡钻：8月11日用密度为2.02 g/cm³的钻井液钻至井深3686.14 m，因钻时慢循环1.5 h起钻至井深3639 m处遇阻卡，钻具原悬重为98 t，摩阻为15~18 t，过提8 t未开，井口钻具下放1.5 m，悬重未恢复正常。因是整立柱位置，无下放空间，从场地接单根后，悬重下放至35 t，未开，上提至原悬重，接顶驱开单泵，排量为15 L/s，泵压为15 MPa（原泵压为9 MPa，有憋泵现象），加扭矩30 kN·m，悬重下放至40 t解卡。后倒划眼至井深3630 m，井下恢复正常。期间返出大量掉块（图5-13），最大尺寸为5 cm×3 cm×1 cm，经元素分析可知掉块属于龙一$_1^1$小层。

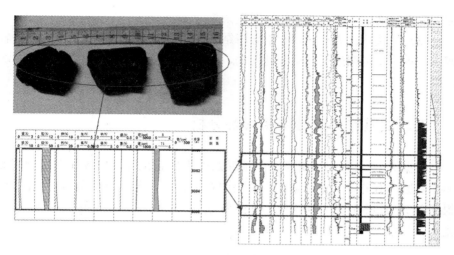

图 5—13　8 月 11 日井深循环返出掉块的元素分析结果

　　第三次卡钻：8 月 12 日 17：15 组合常规钻具通井下钻至 3130.49 m 处遇阻，钻具原悬重为 94 t，下放摩阻为 6 t，遇阻 6 t，多次活动钻具，未开，过压 5 t 上提至 160 t，激活震击器上击解卡，后接顶驱划眼通井；18：00 划眼至井底 3686.14 m，循环调整泥浆性能，处理井下岩屑，期间返出大量掉块，最大尺寸为 5 cm×3.5 cm×0.8 cm。经元素分析可知，掉块属龙一$_1^1$小层及五峰组。短起 11 柱（3686～3380 m 井段），井眼通畅未显示阻卡，顺利下钻至井底，循环提密度至 2.05 g/cm^3，循环基本无掉块后起钻。

　　8 月 18 日 19：13 钻进至 3907.13 m，因钻时慢准备起钻换钻头，保持钻进循环参数（转速为 100 r/min，排量为 30 L/s），循环至 19：17 上提钻具至 3905 m，悬重提至 120 t 未提出，扭矩由 16 kN·m 上升至 23 kN·m，立即下放钻具，扭矩继续上升至 35 kN·m，顶驱憋停，上下活动钻具无效，遇卡。至 8 月 23 日，多次上下活动钻具，原悬重为 96 t，上提 200～240 t，下压至 40～60 t，未解卡；8 月 24 日 11：30，地面接震击器震击 16 次未解卡后，接顶驱倒扣成功；8 月 26 日 16：00 使用"打捞接头＋安全接头＋震击器"打捞组合，震击器震击 135 次解卡，捞获全部落鱼。

（二）复杂情况分析

　　（1）该井钻进过程中一直存在掉块。提升钻井液密度后，井壁失稳情况未得到有效控制，仍有大量掉块返出地面。

　　（2）上提过程中，循环时间均为 4 min 左右，井筒内钻屑及掉块未能完全返出地面，造成井下卡钻情况复杂。

（3）掉块普遍成片状，元素分析结果表明，各小层界面处剥落的掉块较明显，进一步说明地层胶结面处薄弱，钻井液沿层理面侵入地层，导致掉块产生。

五、油基钻井液性能相关性分析

根据 Z201 井区各井井下复杂情况及处理措施统计，导致井下复杂情况的主要原因有井壁失稳垮塌，位置集中在造斜段、A 点及水平段井底附近。根据掉块岩心分析，井壁垮塌位置主要为龙一$_1^1$～五峰组、龙一$_1^2$、龙一$_1^4$～龙一$_2$等层位（图 5-14）。

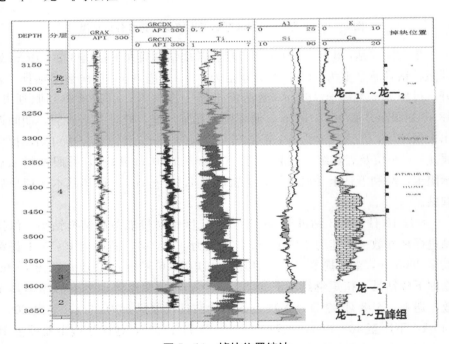

图 5-14　掉块位置统计

井壁失稳导致的卡钻事故严重，为典型的倒划眼（起下钻）遇阻后沉砂卡钻和突发性坍塌掉块卡钻，并存在复合卡钻。卡钻类型统计如图 5-15所示。

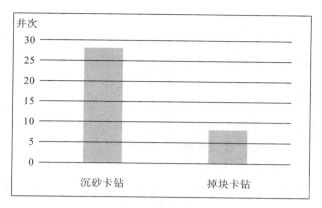

图 5-15　卡钻类型统计

　　根据卡钻位置统计，卡钻位置离井底 5 m 以内占 50%，平均 1.4 m；卡钻位置在 A 点 200 m 范围内占 61%（如图 5-16、图 5-17 所示）。

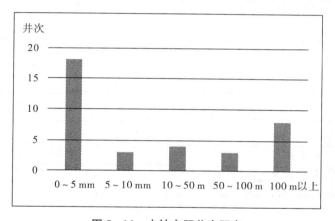

图 5-16　卡钻点距井底距离

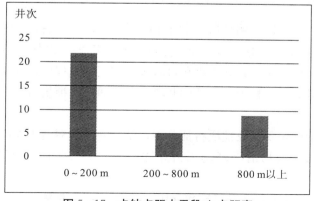

图 5-17　卡钻点距水平段 A 点距离

（1）突发性掉块卡钻。

突发性掉块卡钻约占22%，主要现象为钻进过程中突发性憋停井下钻具，一般出现位置在地层破碎带、穿越各小层界面位置；出现坍塌掉块多为板状或块状，厚度为5～10 mm，直径为50～70 mm，后期循环倒划眼情况效果不佳，处理困难。据统计，距A点200 m范围内的卡钻点约占75%，分析认为，从造斜段过渡到水平段存在多次穿越小层界面的情况，而界面胶结强度不足，导致在钻井液侵入或受力情况下发生掉块。

（2）倒划眼（起下钻）卡钻。

倒划眼（起下钻）卡钻占78%，主要出现在循环短起、倒划眼、停泵接立柱的过程中，这个过程中上提遇阻、扭矩增大、环空憋堵、停泵立压下降较慢等，后期导致卡钻。卡钻主要集中在水平段近井底附近，后期拉划井眼有一定效果，但总体来看效果不佳。

图5—18统计了倒划眼（起下钻）卡钻时，钻头提离井底的高度。

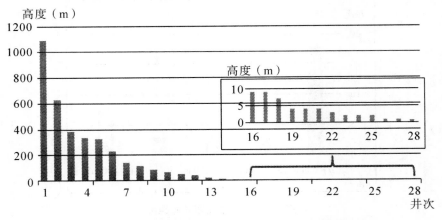

图5—18　倒划眼（起下钻）卡钻时，钻头提离井底高度统计

由图5—18可知，倒划眼（起下钻）卡钻时，钻头提离井底的高度为5 m内的占35%，平均为2.2 m。除近井底附近多发以外，不同高度均有阻卡现象。分析认为，井筒中存在岩屑床，在正钻过程中，并未将岩屑完全带离井筒，岩屑床沉积于水平低凹井段中，在遇稍大掉块后，形成沉砂导致卡钻。

根据井壁垮塌现状及地质特征分析，钻井液需应对两方面问题：

第一，钻井液易沿层理缝压力穿透造成"尖劈效应"，导致片状样块剥落。

根据Z201井区龙马溪组岩性分析，该页岩层层理缝发育，层状结构明

显，如图 5−19 所示，孔、缝介于 104 nm～244 μm 之间，主要为 0.7～
8.9 μm，有裂缝与层理交叉。油基钻井液透过泥饼渗入页岩层层理缝中并
进一步侵入地层，加之地层表现为亲油−亲水属性，侵入孔缝后形成毛细管
自吸效应，加剧了向地层深部的侵入，造成孔隙压力增加，最终导致坍塌
掉块。

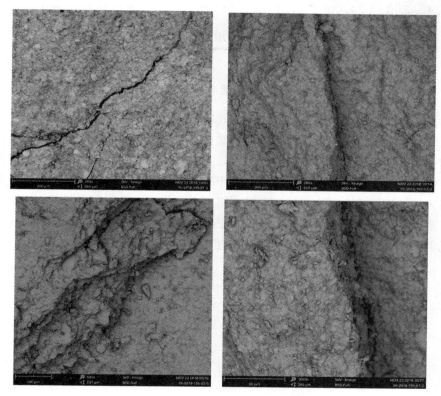

图 5−19　电镜扫描，层理缝发育明显

　　同时，现场出现坍塌掉块后，普遍采用提高钻井液密度的方式解决，而
钻井液体系内颗粒的粒径主要为 20～50 μm，有机土主要为 1～50 μm（含量
少），重晶石主要为 40～75 μm（含量多），无法对页岩层纳−微米级孔缝形
成有效封堵，侵入地层液体量未得到有效控制，钻井液体系整体表现为封堵
能力不足。而封堵能力不足时容易出现"井壁失稳—提高密度—短暂稳定—
加剧滤液侵入—坍塌恶化"的恶性循环，现场钻井液密度越提越高、井壁稳
定性越来越差，井壁掉块增多。这也说明进一步提高钻井液密度无法根本解
决井壁失稳问题。图 5−20 为钻井液封堵性能与井壁失稳关联性示意图。

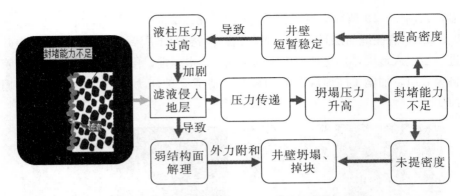

图 5-20　钻井液封堵性能与井壁失稳关联性示意图

第二，岩屑床形成后井眼的清洁效率。

龙马溪组地层存在天然裂缝及揉皱变形构造发育，且 Z201 井区地层普遍存在小断层和破碎带，易坍塌掉块，容易集聚形成岩屑床。井身轨迹控制难度大，水平段起伏较大，狗腿度处于较高限，坍塌掉块后在低凹处形成岩屑床后处理困难，导致后期起下钻摩阻增大、扭矩波动剧烈。目前，该井区普遍采用"低黏低切"的钻井液调整思路，携砂和井眼清洁能力欠佳。从现场卡钻统计情况来看，该区块各井都存在井下岩屑床堆积的情况。

参考文献

Aston M S. Water-based glycol drilling muds: Shale inhibition mechanisms [C]. SPE, 1994: 28818.

Bland R G, Waughman R R, Tomkins P G, et al. Water-based altermatives to oil-based muds: Do they actually exist? [C]. SPE, 2002: 74542.

Devill J P, Fritz B, Jarrett M. Development of water-based drilling fluids customized for shale reservoirs [J]. SPE Drilling&Completion, 2011, 140868 (11): 484—491.

Dwie H, Deutra M, Desmawati R, et al. Application of high performance water base mud in Kintom Formation at North Senoro drilling gas development project [J]. SPE Asia Pacific Oil&Gas Conference and Exhibition, 2015, 176197 (10): 1—10.

Enright D P, Dye W M, Smith F M. An environmentally safe water-based alternative to oil muds [C]. SPE, 1992: 21937.

Federici F, Bossi T, Parisi C, et al. Method for reducing filtrate loss from oil based drilling fluids: US20110281778 [P]. 2015—02—24.

Fossum P V, Moum T K, Sletfjerding E, et al. Design and utilization of low solids OBM for Aasgard reservoir drilling and completion [C]. European Formation Damage Conference, 2007.

Fritz B, Jarrett M. Potassium silicate-treated water-based fluid: An effective barrier to instability in the Fayetteville shale [J]. IADC/SPE Drilling Conference and Exhibiton, 2012, 151491 (3): 1—6.

Jarrett M A. A new polymer/glycol water-based system for stabilizing troublesome water-sensitive shale [C]. SPE, 1995: 29545.

Mas M, Tapin T, Marquez R, et al. A new high-temperature oil-based drilling fluid [R]. SPE 00053941, 1999.

Miller J J, Maghrabi S S, Wagle V B, et al. Suspension characteristics in invert emulsion: US, 2011/0053808 Al. 2011 [P]. 2011—03—10.

Montilva J C, Oort E V, Brahim R, et al. Using a low-salinity high-performance water-based drilling fluid for improved drilling performance in Lake Maracaibo [C].

SPE，2007：110366.

Oyler K W，Burrows K J，West G C，et al. Diesel oil-based invert emulsion drilling fluids and methods of drilling boreholes：US20080015118［P］. 2008－01－17.

Patel A D，Mettath S，Stamatakis E，et al. Fluid loss additive for oil-based muds：US20130331302［P］. 2013－12－12.

Shultz S M，Schultz K L，Pageman R C. Drilling aspects of the deepest well in California ［A］. SPE 18790，1989.

Soriano A V H，Perez C J N，Ascencios A E D，et al. Case studies validate the effectiveness of aluminum-based HPWBM in stabilizing micro-fractured shale formations：Field experience in the Peruvian Amazon［J］. SPE Annual Technical Conference and Exhibition，2015，174854（9）：1－14.

Taugbol K，Gunnar F，Prebensen O I，et al. Development and field testing of a unique high temperature and high pressure（HTHP）oil based drilling fluid with minimum rheology and maximum sagstability［C］. Aberdeen：SPE Offshore Europe Oil and Gas Exhibition and Conference，2005.

U. S. Energy Information Administration. World shale gas resources：An initial assessment of 14 regions outside the United States［R］. Washington D C：EIA，2013.

U. S. Energy Information Administration. World shale gas resources：An initial assessment of 14 regions outside the United States［M］. Washington DC：U. S. Department of Energy，2011.

Weber D T. World oil resources［C］. SPE，1963：10708.

Witthayapanyanon A，Leleux J，Vuillemet J，et al. High performance water-based drilling fluids—An environmentally friendly fluid system achieving superior shale stabilization while meeting discharge requirement Offshore Cameroon［J］. SPE/IADC Drilling Conference and Exhibition，2013，163502（3）：1－7.

Yadav P，Kosandar B A，Jadhav P B，et al. Customized high-performance，water-based mud for unconventional reservoir drilling［J］. SPE Middle East Oil&Gas Show，2015，172603（3）：1－9.

安文忠，张滨海，陈建兵. VersaClean 低毒油基钻井液技术［J］. 石油钻探技术，2003，31（6）：33－35.

白小东，蒲晓林. 水基钻井液成膜技术研究进展［J］. 天然气工业，2006，26（8）：75－77.

白杨，王平全，吴建璋，等. 硅酸钾聚合醇钻井液的研制及性能评价［J］. 石油化工，2012，41（5）：567－572.

曹永利，乔迁，李东日. 聚醚腈合成的研究［J］. 吉林工学院学报，2001，22（3）：44－45.

常德武，蔡记华，岳也，等. 一种适合页岩气水平井的水基钻井液［J］. 钻井液与完井液，2015，32（2）：47—51.

崔思华，班凡生，袁光杰，等. 页岩气钻完井技术现状及难点分析［J］. 天然气工业，
　　2011，31（4）：72—75.

董大忠，程克明，王世谦，等. 页岩气资源评价方法及其在四川盆地的应用［J］. 天然
　　气工业，2009，29（5）：33—39.

范厚江. 世界页岩气勘探开发现状［J］. 油气地球物理，2013（2）：37—41.

高莉，张弘，蒋官澄，等. 鄂尔多斯盆地延长组页岩气井壁稳定钻井液［J］. 断块油气
　　田，2013，20（4）：508—512.

郝晨. 威远地区龙马溪组页岩气水平井油基钻井液研究［D］. 成都：西南石油大
　　学，2015.

何涛，李茂森，杨兰平，等. 油基钻井液在威远地区页岩气水平井中的应用［J］. 钻井
　　液与完井液，2012，29（3）：1—5.

何振奎. 页岩水平井斜井段强抑制强封堵水基钻井液技术［J］. 钻井液与完井液，
　　2013，30（2）：43—47.

侯业贵. 低芳烃油基钻井液在页岩油气水平井中的应用［J］. 钻井液与完井液，2013，
　　30（4）：21—24.

华桂友，舒福昌，向兴金，等. 可逆转乳化钻井液乳化剂的研究［J］. 精细石油化工进
　　展，2009，10（10）：5—8.

黄荣樽，陈勉. 泥页岩井壁稳定力学与化学的耦合研究［J］. 钻井液与完井液，1995，
　　12（3）：15—21.

季宝. 离去基团法制备端氨基聚醚的研究进展［J］. 山西建筑，2009，35（12）：
　　171—173.

巨小龙，丁彤伟，王彬. MEG 钻井液页岩抑制性研究［J］. 钻采工艺，2006，29（6）：
　　10—12.

孔庆明，常峰，孙成春，等. ULTRADRIL 水基钻井液在张海 502FH 井的应用［J］.
　　钻井液与完井液，2006，23（6）：71—74.

蓝强，李公让，张敬辉，等. 无黏土低密度全油基钻井完井液的研究［J］. 钻井液与完
　　井液，2010，27（2）：6—9.

李家龙，周建. 氯化钙加重钻井液的室内试验与现场应用［J］. 钻采工艺，1998，21
　　（3）：62—64.

李建成，杨鹏，关键，等. 新型全油基钻井液体系［J］. 石油勘探与开发，2014，
　　41（4）：490—496.

李剑，赵长新，吕恩春，等. 甲酸盐与有机盐钻井液基液特性研究综述［J］. 钻井液与
　　完井液，2011，28（4）：72—77.

李午辰. 国外新型钻井液的研究与应用［J］. 油田化学，2012，29（3）：362—367.

刘向君. 井壁力学稳定性原理及影响因素分析［J］. 西南石油学院学报，1995，17（4）：
　　51—57.

刘振东，薛玉志，周守菊，等. 全油基钻井液完井液体系研究及应用 [J]. 钻井液与完井液，2009，26（6）：10-12.

鲁娇，方向晨，王安杰，等. 国外聚胺类钻井液用页岩抑制剂开发 [J]. 现代化工，2012，32（4）：1-5.

吕开河，韩立国，史涛，等. 有机胺抑制剂对钻井液性能的影响研究 [J]. 钻采工艺，2012，35（2）：75-76，96.

罗远儒，陈勉，金衍，等. 强抑制性硅磺聚合物钻井液体系研究 [J]. 断块油气田，2012，19（4）：537-540.

罗佐县. 美国页岩气勘探开发现状及其影响 [J]. 中外能源，2012，17（1）：23-26.

马文英，刘彬，卢国林，等. 抗温180℃水包油钻井液研究及应用 [J]. 断块油气田，2013，20（2）：228-231.

牛晓磊. 长宁龙马溪组页岩水基钻井液研究 [D]. 成都：西南石油大学，2015.

齐从丽. 国内外页岩气钻井液技术应用现状 [J]. 化工时刊，2014，28（10）：40-46.

邱正松，钟汉毅，黄维安. 新型聚胺页岩抑制剂特性及作用机理 [J]. 石油学报，2011，32（4）：687-682.

屈沅治，赖晓晴，杨宇平. 含胺优质水基钻井液研究进展 [J]. 钻井液与完井液，2009，26（3）：73-75.

屈沅治. 泥页岩抑制剂 SIAT 的研制与评价 [J]. 石油钻探技术，2009，37（6）：53-57.

沈丽，柴金岭. 聚合醇钻井液作用机理的研究进展 [J]. 山东科学，2015，18（1）：18-23.

舒福昌，岳前升，黄红玺，等. 新型无水全油基钻井液 [J]. 断块油气田，2008，15（3）：103-104.

苏秀纯，李洪俊，代礼扬，等. 强抑制性钻井液用有机胺抑制剂的性能研究 [J]. 钻井液与完井液，2011，28（2）：32-35.

孙金声，汪世国，张毅，等. 水基钻井液成膜技术研究 [J]. 钻井液与完井液，2003，20（6）：9-13，72.

孙明波，乔军，刘宝峰，等. 生物柴油钻井液研究与应用 [J]. 钻井液与完井液，2013，30（4）：15-18.

孙晓峰，闫铁，崔世铭，等. 钻杆旋转影响大斜度井段岩屑分布的数值模拟 [J]. 断块油气田，2014，21（1）：92-96.

王洪尘，王庆，孟红霞，等. 聚合醇钻井液在水平井钻井中的应用 [J]. 油田化学，2003，20（3）：200-201.

王建华，鄢捷年. 高性能水基钻井液研究进展 [J]. 钻井液与完井液，2007，24（1）：71-75.

王俊祥，杨洋，周姗姗. 页岩气水基钻井液抑制性研究 [J]. 化工管理，2015，20（5）：222-223.

王俊祥. 页岩气水基钻井液技术研究 [D]. 荆州：长江大学，2015.

王龙林. 页岩气革命及其对全球能源地缘政治的影响 [J]. 中国地质大学学报（社会科学版），2014，14（2）：35－40.

王琴梅，潘仕荣，张静夏. 双端氨基聚乙二醇的制备及表征 [J]. 中国医药工业杂志，2003，34（10）：490－492.

王庆波，刘若冰，魏祥峰，等. 陆相页岩气成藏地质条件及富集高产主控因素分析：以元坝地区为例 [J]. 断块油气田，2013，20（6）：698－703.

王世谦，陈更生，董大忠，等. 四川盆地下古生界页岩气藏形成条件与勘探前景 [J]. 天然气工业，2009，29（5）：33－39.

王适择. 川南长宁地区构造特征及志留系龙马溪组裂缝特征研究 [D]. 成都：成都理工大学，2014.

王树永. 铝胺高性能水基钻井液的研究与应用 [J]. 钻井液与完井液，2008，25（4）：23－25.

王显光，李雄，林永学. 页岩水平井用高性能油基钻井液研究与应用 [J]. 石油钻探技术，2013，41（2）：17－22.

王怡，徐江，梅春桂，等. 含裂缝的硬脆性泥页岩理化及力学特性研究 [J]. 石油天然气学报，2011，33（6）：104－108.

王怡迪，丁磊，张艳军，等. 改性聚糖类钻井液防塌润滑剂的合成与评价 [J]. 断块油气田，2013，20（1）：108－110.

王元瑞，梁克瑞，张文革. 在氨气环境下聚醚睛催化加氢制聚醚胺 [J]. 工业催化，2007，15（增）：377－379.

王治法，刘贵传，刘金华，等. 国外高性能水基钻井液研究的最新进展 [J]. 钻井液与完井液，2009，26（5）：69－72.

王中华. 2013～2014 年国内钻井液处理剂研究进展 [J]. 中外能源，2015，20（2）：29－40.

王中华. 关于加快发展我国油基钻井液体系的几点看法 [J]. 中外能源，2012，17（2）：36－42.

王中华. 关于聚胺和"聚胺"钻井液的几点认识 [J]. 中外能源，2012，17（11）：36－42.

王中华. 国内外钻井液技术进展及对钻井液的有关认识 [J]. 中外能源，2011，16（1）：48－60.

王中华. 页岩气水平井钻井液技术的难点及选用原则 [J]. 中外能源，2012，17（4）：43－47.

肖金裕，杨兰平，李茂森，等. 有机盐聚合醇钻井液在页岩气井中的应用 [J]. 钻井液与完井液，2011，28（6）：21－25.

谢晓勇，王怡. 川西须家河组页岩气水基钻井液技术 [J]. 断块油气田，2014，21（6）：802－805.

徐同台，卢淑芹，何瑞兵，等. 钻井液用封堵剂的评价方法及影响因素 [J]. 钻井液与
　　完井液，2009，26（2）：60−62.

许博，闫丽丽，王建华. 国内外页岩气水基钻井液技术新进展 [J]. 应用化工，2016，
　　45（10）：1974−1981.

许明标，张春阳，徐博韬，等. 一种新型高性能聚胺聚合物钻井液的研制 [J]. 天然气
　　工业，2008，28（12）：51−53.

杨小华. 提高井壁稳定性的途径及水基防塌钻井液研究与应用进展 [J]. 中外能源，
　　2012，17（5）：53−57.

杨振杰. 井壁失稳机理和几种新型防塌泥浆的防塌机理：文献综述 [J]. 油田化学，
　　1999，16（2）：179−184.

余可芝，许明标. 聚胺钻井液在南海流花 26−1−1 井的应用 [J]. 石油天然气学报，
　　2001，33（9）：119−122.

余丽彬，夏廷波，李丽红，等. 聚合醇钻井液技术在红台区块的研究与应用 [J]. 钻井
　　液与完井液，2003，20（5）：35−37.

袁野，蔡记华，王济君，等. 纳米二氧化硅改善钻井液滤失性能的试验研究 [J]. 石油
　　钻采工艺，2013，35（3）：30−33，41.

张洪伟，左凤江，贾东民，等. 新型强抑制胺基钻井液技术的研究 [J]. 钻井液与完井
　　液，2011，28（1）：14−17.

张军，彭商平，杨飞. 川西页岩气水平井高性能水基钻井液技术 [C] //全国钻井液完
　　井液学组工作会议暨技术交流研讨会论文集. 北京：石油工业出版社，2012：
　　213−219.

张抗，谭云冬. 世界页岩气资源潜力和开采现状及中国页岩气发展前景 [J]. 当代石油
　　石化，2009，17（3）：9−12，18.

张克勤，方慧，刘颖，等. 国外水基钻井液半透膜的研究概述 [J]. 钻井液与完井液，
　　2003，20（6）：1−5.

张克勤，何纶，安淑芳，等. 国外高性能水基钻井液介绍 [J]. 钻井液与完井液，2007，
　　24（3）：68−73.

张衍喜，侯华丹，纪洪涛，等. 页岩油气大段泥页岩钻井液技术的研究 [J]. 中国石油
　　和化工标准与质量，2013（2）：178−179.

张艳娜，孙金声，王倩，等. 国内外钻井液技术新进展 [J]. 天然气工业，2011，
　　31（7）：47−54.

郑军卫，孙德强，李小燕，等. 页岩气勘探开发技术进展 [J]. 天然气地球科学，2011，
　　22（3）：511−517.

钟汉毅，邱正松，黄维安，等. 聚胺水基钻井液特性试验评价 [J]. 油田化学，2010
　　（2）：119−123.

周金葵. 钻井液制备工艺技术大全 [M]. 北京：石油工业出版社，2014.

邹才能，等. 非常规油气地质 [M]. 北京：地质出版社，2011.